I0446506

Créditos

Autoría

Franz Pucha-Cofrep, Andreas Fries

Este manual es una modificación o adaptación del libro: Fundamentos de SIG: Aplicaciones con ArcGIS.

Revisores

- Víctor González-Jaramillo, Departamento de Ingeniería Civil, Universidad Técnica Particular de Loja. Ecuador.
- Rafael Beltrán. Carrera de Ingeniería Civil. Universidad Privada Boliviana. Bolivia.
- Antonio Pantoja. Docente en UNIGIS. Colombia.

Portada

Franz Pucha-Cofrep

ISBN: 978-9942-45-056-2

ISBN-13: 979-8866913732

Año de publicación: 2023

¿Cómo citar?

Pucha-Cofrep, F., & Fries, A. (2023). Manual de ArcGIS Pro.

Descubre el potencial del SIG en www.acolita.com

9 789942 450562

Tabla de contenidos

1. Introducción

El uso de información geográfica en la toma de decisiones es un aspecto fundamental en la vida cotidiana que a menudo pasa desapercibido. Desde seleccionar la ruta más eficiente para ir al trabajo, hasta encontrar la dirección de una tienda a través de un teléfono inteligente, las personas toman decisiones constantemente basadas en el análisis de información geográfica sin darse cuenta.

Los Sistemas de Información Geográfica (SIG) son una herramienta valiosa que permite llevar a cabo este tipo de análisis de manera más eficiente y precisa. Al utilizar SIG, es posible analizar y visualizar datos geográficos, identificar patrones y tendencias, y tomar decisiones informadas en una amplia variedad de contextos, incluyendo la planificación urbana, la gestión de recursos naturales, la gestión del tráfico y mucho más. En resumen, los SIG son una herramienta esencial para mejorar la eficiencia y la precisión en la toma de decisiones basadas en información geográfica.

Según López Trigal (2015), un SIG es un sistema integrado compuesto por hardware, software, datos y usuarios que permite la captura, almacenamiento, gestión y análisis de información digital, así como la creación de gráficos y mapas, incluyendo la representación de datos alfanuméricos. Burrough (1986) lo define como un modelo informatizado de la realidad geográfica para satisfacer necesidades de información específicas, permitiendo la creación, compartición y aplicación de información útil basada en datos y mapas.

Durante muchas décadas, los SIG se han utilizado en problemas relacionados con la gestión territorial y los recursos naturales, el medio ambiente, la logística militar y en contextos relacionados con las ciencias de la Tierra, como la geografía y la geología. Recientemente, también se ha explorado su uso potencial en campos inéditos y, en particular, en la investigación en Ciencias Humanas y Sociales (Del Bosque González et al. 2012).

ArcGIS Pro es la aplicación estrella de ESRI, y el software que contiene las funcionalidades clásicas del SIG de escritorio. ArcGIS Pro es un conjunto de herramientas que permiten la visualización y manejo de información geográfica, y que cuenta con una arquitectura extensible, ya que se pueden añadir nuevas funcionalidades. Estas son las conocidas extensiones, entre las cuales se debe destacar el Spatial Analyst (análisis ráster), 3D Analyst (análisis 3D y de relieve) y Geostatistical Analyst (geoestadística).

El objetivo de este manual técnico es brindar una introducción a los conceptos básicos de SIG a través de la exploración de casos prácticos que abarcan todo el proceso de creación de un mapa. Aunque ArcGIS Pro cuenta con una gran cantidad de herramientas, es importante destacar que no se puede trabajar con todas ellas de manera exhaustiva. En su lugar, el propósito de este documento es ayudar a los usuarios a familiarizarse con el funcionamiento general del programa, y motivarlos a continuar su aprendizaje de manera autónoma.

A medida que se vaya avanzando en el manual, se espera que los usuarios adquieran habilidades y mejoren las que ya poseen, analizando información geográfica con mayor eficiencia, para finalmente, publicar mapas de alta calidad. Este documento es una herramienta útil para aquellos interesados en desarrollar su capacidad para trabajar con SIG, y para aquellos que desean mejorar sus habilidades existentes.

Se busca compartir este documento de manera amplia y accesible, por lo cual se autoriza copiar, remezclar, transformar, o redistribuir parcial o totalmente el material en cualquier medio o formato **sin fines comerciales**, pero siempre citando la fuente correspondiente de esta obra.

Sin más preámbulos, comenzamos con el **Manual de ArcGIS Pro**, esperando sea de gran utilidad para usted.

Este manual se elaboró ArcGIS Pro 2.8/3.2 usando la versión en inglés. Algunas partes fueron optimizadas con ChatGPT. Los ejercicios están disponibles en https://github.com/franzpc/arcpro

---

2. Términos geográficos

La información geográfica en formatos digitales requiere una homologación de criterios e incorporación de parámetros mínimos que garanticen su calidad. Esto permite la interoperabilidad entre los usuarios para optimizar su utilización e intercambio, y lograr un reúso y democratización de la información (SENPLADES, 2013).

A continuación, se detalla un glosario de los términos geográficos más relevantes que serán utilizados en el presente documento.

- **Banda:** Cada una de las secciones en las que se divide el espectro electromagnético. La radiación está clasificada en diferentes longitudes de onda que pueden ser captadas por sensores. Los datos de radiación (valores numéricos) captados para cada banda definida se suelen organizar como archivos ráster (Moreno, 2008).

- **Capa:** Unidad básica de la información geográfica que puede ser solicitada en forma de mapa en formato ráster (cuadriculas) o vectorial (puntos, líneas o polígonos) desde un servidor [ISO 19128:2005]. Conceptualmente, una capa es una porción o estrato del espacio geográfico en un área en particular, equivalente a un elemento de la leyenda del mapa, como p.ej. temperatura, presión atmosférica, entre otros (SENPLADES, 2013).

- **Coordenada:** Valor de la posición sobre la superficie terrestre que permite definir la ubicación de cualquier punto sobre ella y, en consecuencia, se puede determinar la distancia que tiene este punto con respecto a cualquier otro. Para obtener esos valores se utilizan líneas imaginarias, perpendiculares entre sí, denominadas paralelos y meridianos, cuya intersección define la posición del punto en el sistema de coordenadas (López L. , 2015).

- **Datum:** Parámetro o conjunto de parámetros que definen la posición (A.282). Existen diferentes sistemas de coordenadas que varían con respecto a su origen, escala y orientación [ISO 19111:2007].

- **Datum vertical:** Parámetro que define la altura o profundidad de un punto sobre o debajo del nivel del mar. NOTA: Las alturas geodésicas son relacionadas con un sistema de coordenadas elipsoidales tridimensional que hacen referencia a un datum geodésico [ISO 19111:2007].

- **Elipsoide:** Superficie formada por la rotación alrededor de un eje principal, p.ej. la Tierra. NOTA: La definición internacional indica que los elipsoides son siempre oblongos, lo que significa que el eje de rotación es siempre el eje menor [ISO 19111:2007].

- **Escala:** Relación que existe entre las magnitudes de los elementos representados en el mapa en comparación con la realidad. En general, es la reducción de la superficie terrestre real para poder representarla en un documento o mapa, cuyo tamaño es mucho menor. La representación de la escala en un mapa puede ser gráfica o numérica (López L. , 2015).

- **Geoposicionamiento:** Medición de la posición geográfica de un objeto mediante de un sistema de navegación global, p.ej. GPS [ISO/TS 19130:2010].

- **Georeferenciación:** Operación para asignar coordenadas geográficas a una información (normalmente una capa) que carece de ellas. Suele aplicarse para situar imágenes de la Tierra o eventos asociados en su posición correcta (Moreno, 2008).

- **Imagen:** Es una capa tipo ráster, cuyos valores de atributo son distribuidos en cuadriculas como representación numérica de un parámetro físico [ISO 19115-2:2009].

- **Latitud:** Normalmente representada por el símbolo φ, lo cual es el ángulo formado entre el Ecuador y otro punto especifico en un elipsoide, considerando el núcleo de la Tierra como punto de origen. Todos los puntos en la superficie de la Tierra con igual latitud forman círculos completos alrededor de ella. La medida nace en el Ecuador (0°) y va hasta los polos; medida positiva para el hemisferio norte (0° a 90°) y medida negativa para el hemisferio sur (0° a -90°) (Del Bosque et al., 2012).

- **Leyenda:** Aplicación de una clasificación en un área específica (A.52) usando una escala de mapeo definida y un conjunto específico de datos [ISO 19144-1:2009].

- **Longitud:** Normalmente representada por el símbolo griego λ, lo cual es el ángulo entre el meridiano cero y otro punto especifico en un elipsoide, considerando el núcleo de la Tierra como punto de origen. Todos los puntos en la superficie de la Tierra con igual longitud forman semicírculos alrededor de ella, los cuales van desde el polo norte hasta el polo sur cruzando los paralelos o latitudes en forma perpendicular (Del Bosque et al. 2012). El meridiano cero pasa por Greenwich/ Inglaterra (0°) y se mide hasta 180° hacia el oeste (positivo) y el este (negativo).

- **Modelo digital del terreno y modelo digital de elevaciones (MDE):** Es un mapa digital del terreno que representa la altura del terreno sobre el nivel del mar de un área en particular. Por tanto, un modelo digital de elevaciones o MDE es una estructura numérica de datos que representa la distribución espacial de la altitud de la superficie del terreno (Mancebo, Ortega, Martín, & Valentín, 2008).

- **Pendiente:** Relación de cambio de elevación con respecto a la distancia o longitud de la curva [ISO 19133:2005].

- **Proyección cartográfica:** Operación geométrica que permite representar la superficie curvada de la Tierra (tridimensional) en una superficie plana (bidimensional). Este procedimiento se utiliza para transformar las coordenadas angulares reales de los objetos geográficos en coordenadas planas, permitiendo así la representación cartográfica en dos dimensiones (López L. , 2015).

- **Teledetección o Percepción Remota:** En un sentido amplio se puede definir la teledetección como la adquisición de información sobre un objeto a distancia, es decir, sin contacto físico entre el objeto y el sistema observador, como p.ej. radares o imágenes satelitales (Sobrino, 2000).

3. Modelos de datos

Podría parecer obvio, pero antes de trabajar con datos en SIG, estos deben estar en formato digital. Casi todos los elementos que se encuentran sobre la superficie terrestre pueden ser codificados para que una computadora los pueda comprender. Dependiendo del tipo de información, se puede usar un modelo de datos u otro. Lo que no es tan obvio, es la forma de representar el mundo real a un medio digital (ESRI, 2010).

A pesar de la heterogeneidad de la información geográfica, existen dos modelos básicos para simplificar y modelizar el espacio en un sistema informático .Los dos modelos de datos son: (i) el modelo vectorial (puntos, líneas o polígonos), habitualmente utilizado para tratar fenómenos geográficos discretos (vías de comunicación, tejidos urbanos, coberturas vegetales, etc.), y (ii) el modelo ráster (cuadriculas), usado generalmente para representar fenómenos continuos (temperatura, precipitación, etc.). Ambos sistemas son complementarios y conviven dentro de los SIG, aunque cada uno de ellos resulte más o menos apropiado para el estudio de un tipo de información específica (Del Bosque, Fernández Freire, Martín-Forero Morente, & Pérez Asensio, 2012).

3.1. Modelo vectorial

El modelo de datos vectorial se basa en la premisa de que la superficie terrestre está compuesta por objetos discretos como árboles, ríos, lagunas, entre otros (ESRI, 2010). En lugar de utilizar unidades básicas para dividir la zona, este modelo representa la variabilidad y características de la zona mediante entidades geométricas. Cada entidad geométrica tiene características constantes y su forma se codifica de manera explícita.

Además, en este modelo el espacio geográfico se representa a través de una serie de primitivas geométricas que contienen los elementos más importantes de dicho espacio, los cuales generalmente son presentados en forma de puntos, líneas o polígonos (Olaya, 2020). Al utilizar estas primitivas, se pueden crear mapas con una gran cantidad de detalles e información precisa y clara de los objetos geográficos.

3.2. Modelo ráster

La estructura de los datos en un modelo de tipo ráster se basa en una matriz de celdas (cuadriculas o pixeles) organizadas en filas y columnas. Cada celda en la matriz puede almacenar información sobre una variable específica, como la precipitación, la temperatura, la humedad relativa, la radiación solar o las longitudes de onda del espectro electromagnético, entre otros.

En un modelo ráster, las celdas no están explícitamente ubicadas en el espacio, sino que los valores de cada celda son referidos a un elemento particular de la matriz. Esta matriz representa una estructura fija y regular, por lo que es necesario ubicarla en el espacio para calcular las coordenadas de cada celda. El modelo ráster no requiere de una ubicación espacial concreta para cada celda, ya que los valores hacen referencia a un elemento particular de la matriz (Olaya, 2020).

4. Sistemas de coordenadas

Los mapas son una forma importante de representación de la superficie terrestre y sus elementos, y han sido utilizados desde tiempos antiguos. Los sistemas de coordenadas son esenciales en el trabajo con SIG para ubicar los elementos identificados. Sin embargo, cada elemento puede ser registrado en diferentes sistemas de coordenadas, dependiendo como fue levantada la información geográfica. Debido a esto, es importante tener en claro los términos proyección, elipsoide, geoide y datum para utilizar los sistemas de coordenadas de manera más efectiva, ver Figura *1*. Estos términos determinan la forma en que se representa la superficie terrestre y su ubicación en el espacio. Conociendo estos conceptos, es posible realizar una representación más precisa y detallada de la superficie terrestre y sus elementos en un mapa.

La **proyección** cartográfica busca representar la superficie curvada real de la Tierra en una superficie plana. Este proceso lleva inevitablemente a la deformación de algunos aspectos geográficos, como la forma, área, distancia y dirección. Por lo tanto, elegir la proyección adecuada es una de las decisiones más importantes en la elaboración de un mapa, ya que cada proyección es más adecuada para ciertas áreas geográficas.

Las proyecciones cartográficas pueden ser categorizadas en conformes, equivalentes y equidistantes. Las proyecciones **conformes** mantienen los ángulos entre los meridianos (longitudes) y paralelos (latitudes), pero pueden deformar la forma. Las proyecciones **equivalentes** conservan las relaciones de superficie, mientras que las proyecciones **equidistantes** mantienen las relaciones de distancia. Cada una de estas categorías de proyecciones tiene sus propios usos y aplicaciones específica en la elaboración de mapas precisos y fiables (Del Bosque et al. 2012).

El **elipsoide** es la figura geométrica que mejor se adapta a la forma real de la Tierra; es decir, es aquella forma que permite idealizarla con un mejor ajuste. Una vez que se dispone de una expresión teórica para la forma de la Tierra, el siguiente paso es la determinación de los parámetros que la definen. En el caso de utilizar la esfera hay que calcular su radio, mientras que asumiendo el elipsoide como forma de referencia se deben determinar las medidas de los semiejes menor y mayor (Olaya, 2020). Un elipsoide es una forma de tres dimensiones creada a partir de una elipse de dos dimensiones. La elipse es un óvalo, con un eje mayor (el eje más largo) y un eje menor (el eje más corto). Si se hace girar la elipse, se forma una figura geométrica, denominada **esferoide** (ESRI, 2015).

El **geoide** representa la superficie equipotencial del campo gravitacional de la Tierra que coincide aproximadamente con el nivel medio del mar. Esta superficie es perpendicular a la fuerza de gravedad en cada punto. Sin embargo, es esencial reconocer que la forma del geoide es irregular debido a la distribución no uniforme de la masa terrestre (ESRI, 2015).

Figura 1. Relación entre el geoide, la superficie topográfica y el ajuste del elipsoide. Crédito de la imagen: *(Peter, 1994).*

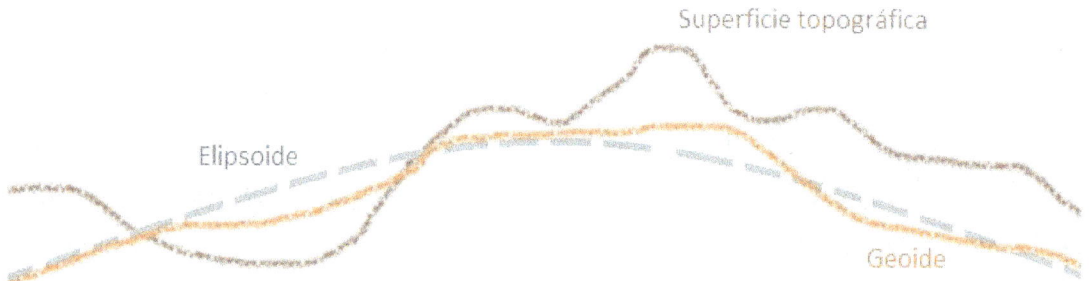

El **datum** especifica es el sistema de coordenadas del esferoide, basado en una serie de puntos de control terrestres. Estos puntos de control garantizan la precisión de la ubicación de un punto para la extensión espacial prevista (ESRI, 2011b). El datum se genera encima del esferoide seleccionado, pero puede contener inexactitudes La elipse en rotación (esferoide), por ejemplo, crea una superficie totalmente suavizada, que no refleja adecuadamente la realidad. Debido a esto, es importante seleccionar un datum local que refleja las variaciones locales (ESRI, 2015). Hay que recordar que la palabra datum en español es punto cero o punto de referencia (que vincula el elipsoide usado a la Tierra).

Para explicarlo de una forma más sencilla, la proyección es el método utilizado para representar la forma esférica de la Tierra en un plano, y el datum es el conjunto de parámetros que se usa para hacerlo. Para la presentación de la información geográfica existen dos maneras diferentes: (i) mediante un sistema de coordenadas geográficas o (ii) mediante un sistema de coordenadas proyectadas.

El sistema de coordenadas geográficas describe una ubicación en una esfera (esferoide) mediante los parámetros de **latitud** y **longitud**, mientras que el sistema de coordenadas proyectadas se basa en un plano y usa los ejes **X** y **Y** (Hillier, 2011). En Sudamérica, los sistemas de coordinadas usados más comúnmente son WGS84, PSAD56, y SIRGAS.

Es importante destacar que algunos sistemas de coordenadas ofrecen ciertas ventajas, como la capacidad de medir rápidamente la distancia plana, así como superficies.

5. Primeros pasos en ArcGIS Pro

ArcGIS Pro es la aplicación estrella de ESRI, diseñada para funcionar en computadoras de 64 bits. El software ofrece la posibilidad de abordar problemas geográficos reales mediante una secuencia de operaciones espaciales y ejecutar tareas de análisis tanto simples como avanzadas. Los resultados se pueden presentar de manera atractiva en mapas digitales o impresos. Con ArcGIS Pro, es posible explorar, visualizar, analizar y crear escenas en 2D y 3D, así como compartir los resultados en línea. La estrategia de ESRI es integrar las populares aplicaciones ArcMap, ArcCatalog y ArcScene en un solo programa (ArcGIS Pro), para simplificar la solución geográfica. En términos sencillos la fórmula de ESRI para ArcGIS Pro sería la siguiente:

$$ArcGIS\ Pro = ArcMap + ArcCatalog + ArcScene$$

Para más información sobre la descarga, instalación y obtención de licencias dirigirse a: https://pro.arcgis.com/

¡Se recomienda desarrollar este manual utilizando la versión en inglés de ArcGIS Pro!

Según ESRI (2019), ArcGIS Pro suele organizar sus trabajos en proyectos, los cuales, por defecto, se guardan en una carpeta específica en la computadora. Los proyectos tienen una extensión de archivo "**.aprx**". y cada proyecto crea automáticamente su propia geodatabase con una extensión "**.gdb**", así como su propia caja de herramientas con una extensión "**.tbx**".

5.1. Crear un nuevo proyecto

Para comenzar, es necesario abrir ArcGIS Pro en su computadora (después de validar sus credenciales de inicio de sesión, que generalmente son de la cuenta de ArcGIS Online).

¡La aplicación requiere una conexión a Internet la primera vez que se abre! La primera pantalla que aparece al iniciar ArcGIS Pro (Figura 2), permite abrir proyectos recientes o crear nuevos proyectos.

Figura 2. Pantalla de inicio de ArcGIS Pro.

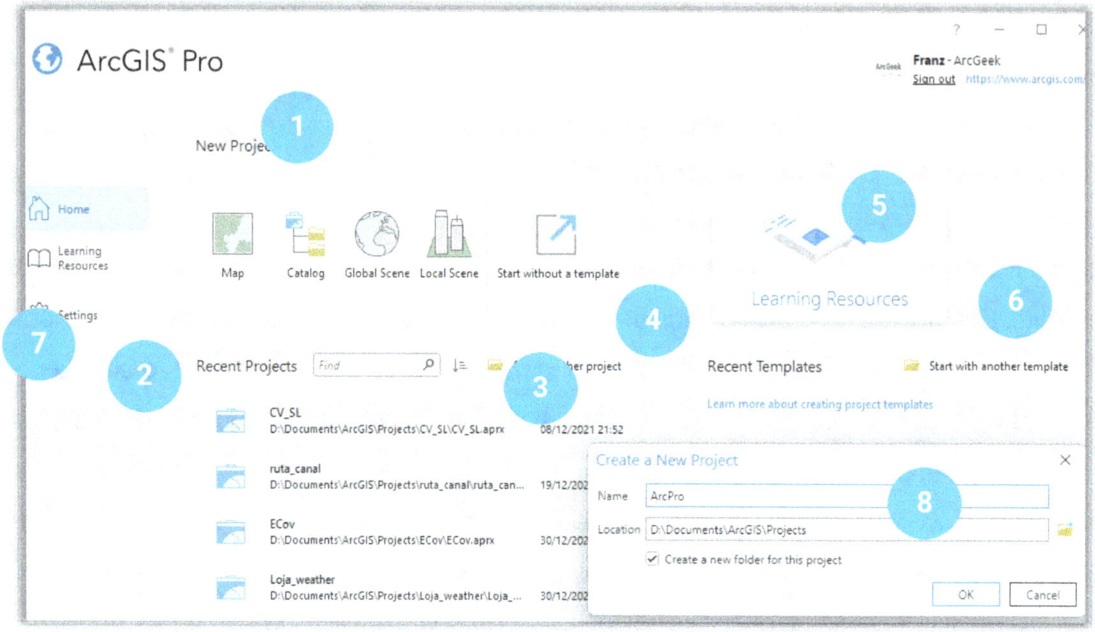

En la pantalla de inicio de ArcGIS Pro los puntos más relevantes a considerar son los siguientes:

1. **New Project:** Permite crear nuevos proyectos a partir de varias plantillas predeterminadas. La plantilla **"Map"** es la más utilizada para crear proyectos, mientras que para un proyecto temporal o con la intención de guardarlo a futuro, se recomienda usar la plantilla **"Start without a template".**

2. **Recent Projects:** Abre un proyecto existente. Los proyectos abiertos recientemente aparecen en la lista **"Recent Projects"**, aquí también se puede anclar los proyectos favoritos.

3. **Open another project:** Busca proyectos que no estén en la lista de proyectos recientes. Ideal cuando se copia un proyecto de otra computadora.

4. **Recent templates:** También se pueden iniciar nuevos proyectos a partir de plantillas. Las plantillas usadas recientemente aparecen en la lista **"Recent templates"**, la cuales también se pueden anclar como favoritas.

5. **Learning Resources:** Explore los recursos de ArcGIS Pro, como tutoriales, vídeos, documentación, clases con instructor y mucho más.

6. **Select with another template:** Busca las plantillas del proyecto que no se encuentran en la lista de plantillas recientes.

7. **Settings:** Define las preferencias de la aplicación de ArcGIS Pro y administra otros ajustes, como las conexiones y el licenciamiento del portal.

8. **Create a New Project:** Crea y define el directorio de un nuevo proyecto. Esta ventana aparece luego de haber hecho clic en **"Map"** (Círculo 1, Figura 2).

Para el ejemplo de este manual definir el nombre en "Name" como **"ArcPro"**, en **"Location"** selecciona la carpeta o directorio.

Generalmente cuando se crea un nuevo proyecto con "Start without a template" la ventana de ArcGIS Pro aparece en blanco, sin la posibilidad de cargar capas vectoriales o ráster dentro del proyecto (Figura 3). Pero es muy sencillo preparar el ambiente de trabajo del proyecto.

Figura 3. Vista de un nuevo proyecto en ArcGIS Pro.

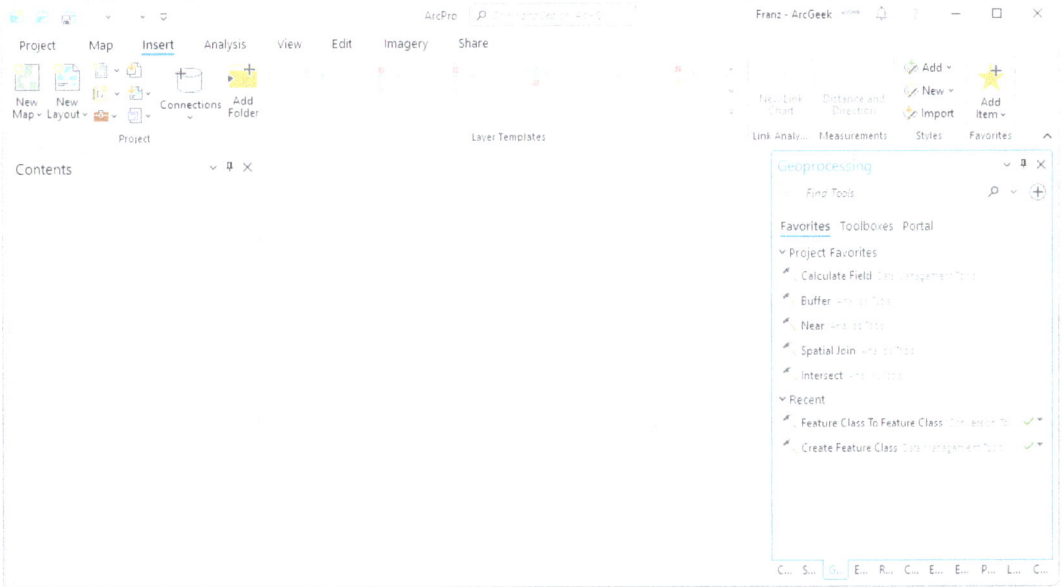

Antes de poner en acción a ArcGIS Pro, es recomendable configurar las unidades de trabajo, posteriormente se requiere crear un nuevo mapa "Map", diseño "Layout" o reporte "Report". En general lo más usado por los usuarios principiantes y avanzados es la creación de un nuevo mapa, y para la impresión o publicación un nuevo diseño.

5.2. Configurar unidades

La configuración de las unidades del nuevo proyecto de ArcGIS Pro se lo puede hacer desde las opciones **("Options")** en la pestaña **"Project"**. Aquí es posible seleccionar unidades **("Units")** de distancia, angulares, área, ubicación, dirección, etc. En este caso se selecciona las unidades métricas (Figura 4) desde la siguiente ruta:

Figura 4. Configuración de unidades en ArcGIS Pro.

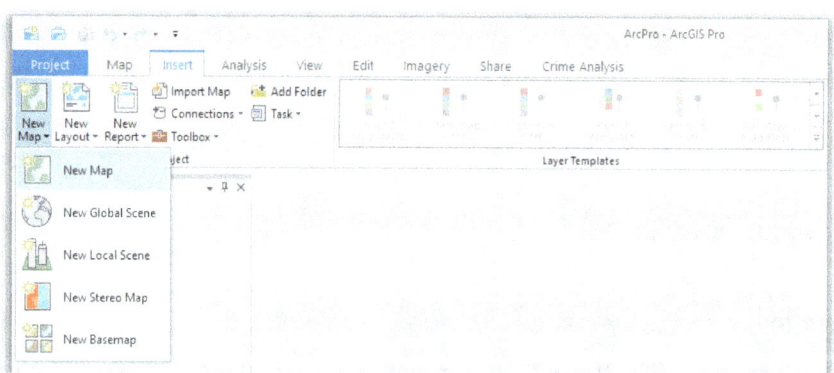

5.3. Crear un nuevo Map

El primer paso para avanzar con el desarrollo del proyecto es crear un nuevo **"Map"** (en la sección Diseño y publicación se mostrará cómo crear un nuevo **"Layout"**). Para crear un nuevo **"Map"** se dirige a la pestaña "**Insert**" y hacer clic en la flecha de **New Map** (Figura 5). Aquí se puede crear tantos mapas como se necesite, así como escenas globales o locales, mapas estéreos, y mapas base.

Figura 5. Crear un nuevo mapa "Map" en un proyecto de ArcGIS Pro.

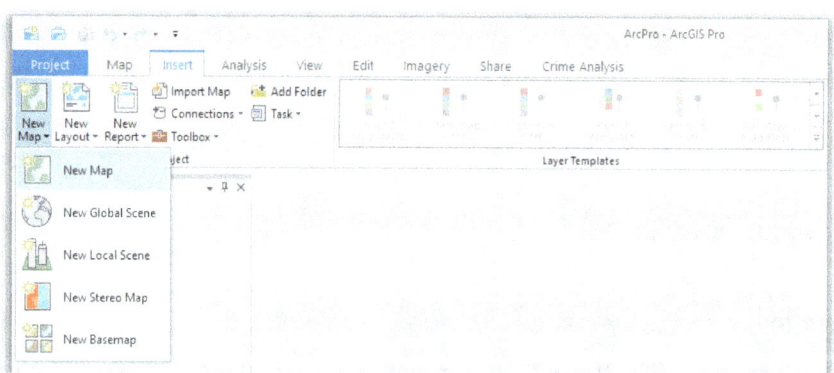

Normalmente, cuando se crea un nuevo **"Map"** o **"Scene"** se muestra de forma predeterminada un mapa topográfico en el fondo (u otro que haya definido su organización), ver Figura 6. En algunos casos puede resultar conveniente, pero en la mayoría de los casos no es factible, dado que puede resultar molestoso o incómodo. Debido a esto, se sugiere dejar el fondo del **"Map"** o **"Scene"** en blanco, cuando se empieza un nuevo proyecto.

También se denomina **Vistas** a los diferentes "Map" o "Scene" que se crean dentro de un proyecto de ArcGIS Pro.

Figura 6. Vista de un nuevo mapa (incluye el mapa topográfico de base).

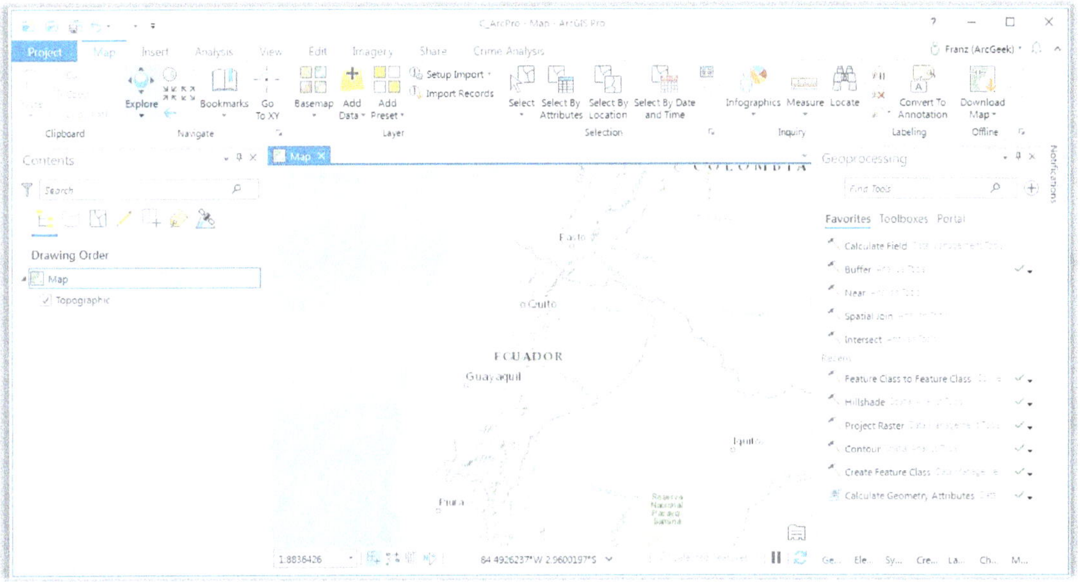

En algunas ocasiones resulta incómodo tener un mapa base cada vez que se crea un nuevo "Map". Para eliminar el mapa base topográfico, dirigirse a:

Menú Project > Options > Application > Map and Scene > Basemap > None

De esta forma se cuenta con un nuevo "Map" o "Scene" limpio y sin distracciones (Figura 7). Además, en la misma pantalla de configuración, es posible personalizar el mapa base, en caso de ser necesario.

Figura 7. Vista de un nuevo mapa (sin incluir el mapa base topográfico).

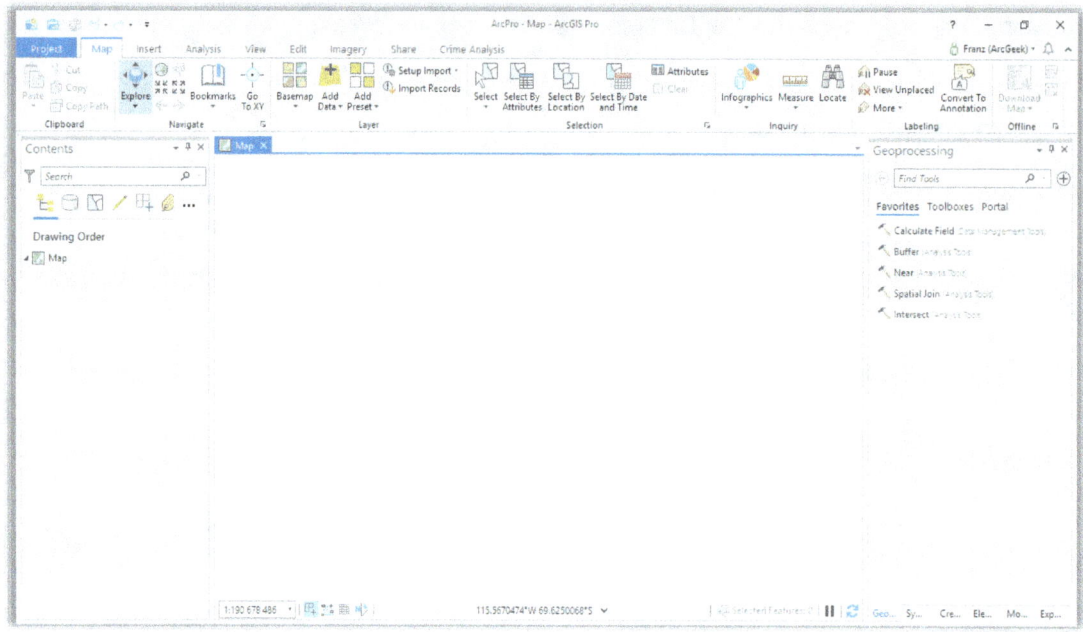

5.4. La barra de Cintas y Paneles

En ArcGIS Pro, las partes más destacadas de su interfaz son la cinta de opciones y los paneles. La cinta de opciones está organizada en pestañas, y estás a su vez en grupos. Por ejemplo, la Figura 8 muestra activa la pestaña "Map" que cuenta con varios grupos como: "Clipboard", "Navigate", "Layer", y "Selecction". En general la pestaña "Map" contiene las herramientas usadas con mayor frecuencia de ArcGIS Pro (zoom, paneo, selección, añadir capas, regla de medición, entre otras). Algunos grupos contienen **"Ventanas emergentes"**, donde se encuentran todas las herramientas de este grupo. Para abrir las ventanas emergentes se debe hacer clic en la flecha en la esquina derecha del grupo.

Figura 8. Cinta de opciones de ArcGIS Pro.

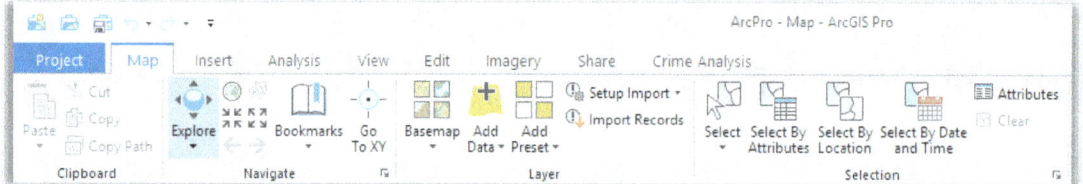

Los paneles son ventanas que están acopladas dentro de la ventana principal de ArcGIS Pro y permiten administrar sus herramientas para proporcionar mayor funcionalidad a la aplicación. Por defecto los paneles de "**Contents**" (izquierda) y "**Geoprocessing**" (derecha), están abiertos cuando se ha creado un nuevo mapa. En la Figura 9 (izquierda) se indica como el panel **"Contents"** estructura la información espacial en capas, que

16

pueden ser de tipo vectorial, ráster e incluso tablas. El panel **"Geoprocessing"** (Figura 9 derecha) provee de una amplia gama de herramientas para ejecutar geoprocesos.

En caso de que se requiera personalizar el tamaño o ubicación de los paneles, se debe hacer un clic sobre el título del panel, mantenerlo pulsado, y cuando se muestra un recuadro en celeste (Figura 9) se puede moverlo y colocarlo en el lugar deseado.

Figura 9. Paneles de ArcGIS Pro.

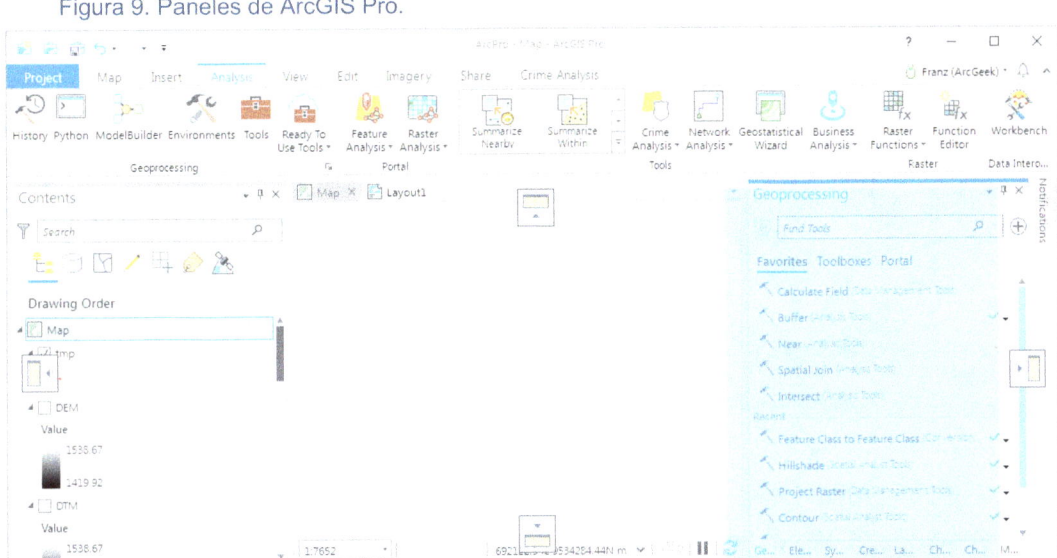

6. Georreferenciación de una imagen

La georreferenciación es un proceso que permite asignar un sistema de referencia basado en coordenadas conocidas a una imagen digital. Muchas imágenes ráster, como mapas, cartas topográficas escaneadas o imágenes aéreas, no están asociadas con un sistema de referencia, por lo que requieren la georreferenciación.

Para llevar a cabo la georreferenciación, es necesario conocer las coordenadas reales de algún punto y ser capaz de identificarlo en la imagen. En otras palabras, si se conocen las coordenadas de un árbol solitario, la esquina de una casa, o una intersección de dos calles, es posible georreferenciar la imagen al vincular esos coordenadas conocidos con el punto corresponde en la imagen.

La Figura 10 muestra un ejemplo de una imagen sin georreferenciación. Para georreferenciarla, es necesario conocer las coordenadas de los puntos "P1" y "P2", por lo que es necesario realizar una visita de campo al lugar de la imagen. En el campo se ubica en cada uno de los puntos, se toma sus coordenadas con un dispositivo GPS (o inclusive con el celular), y luego se puede vincular esos puntos con su correspondencia en la imagen.

6.1. Agregar una imagen sin georreferenciar o cualquier capa

Para georreferenciar una imagen en ArcGIS Pro, primero se requiere añadirla como una capa ráster. Para el presente ejemplo se puede capturar y/o guardar la imagen de la Figura 10 en formato tif, jpg, png. Las cartas topográficas generalmente tienen un sistema de coordinadas impreso, donde se pueden identificar las coordinadas de varios puntos a través de los valores en los ejes "X" y "Y", también expresados como latitud y longitud.

Para agregar las capas espaciales (vectoriales o ráster) se debe dirigir a la pestaña **"Map"**, al grupo **"Layer"** y hacer clic en el botón **"Add Data"** (Figura 11). La herramienta muestra múltiples formas de agregar información espacial. En este caso, se selecciona **"Data"** y después se debe navegar al directorio donde se encuentre almacenada la imagen. La imagen de prueba está en la carpeta **"06_georreferenciar"**, denominada **"imagen.png"**. Una vez seleccionada la imagen se hace clic en **"OK".**

Pestaña Map > Add Data > Data

Otra forma para agregar capas espaciales es hacer un clic derecho sobre el nuevo mapa creado en el panel **"Contents"**, donde también se encuentra el botón **"Add Data"**.

Figura 11. Botón "Add Data" de ArcGIS Pro.

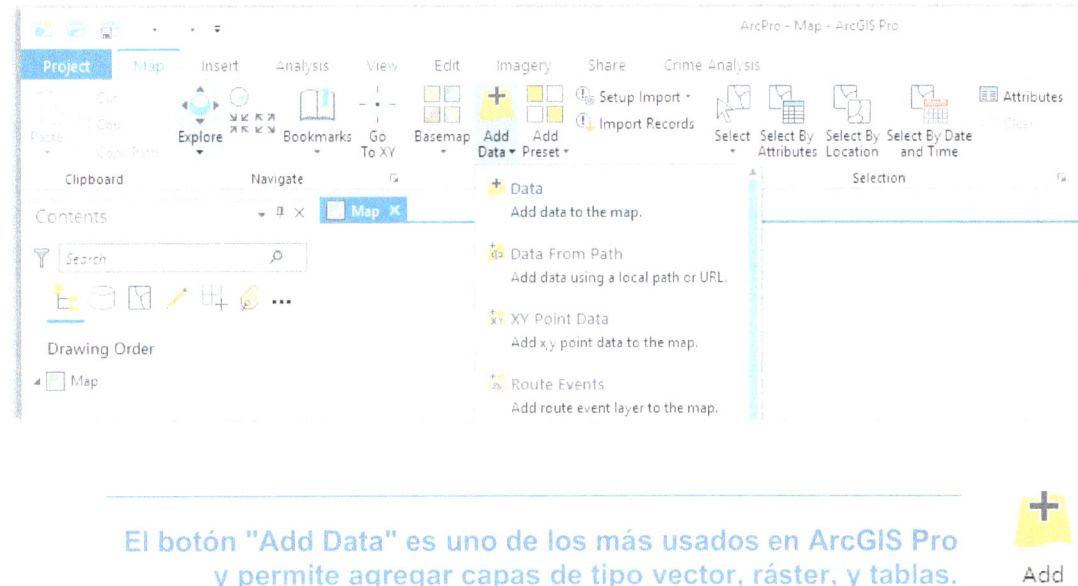

El botón "Add Data" es uno de los más usados en ArcGIS Pro
y permite agregar capas de tipo vector, ráster, y tablas.

Cuando se carga por primera vez una imagen ráster, ArcGIS Pro muestra la opción de construir pirámides. En este caso se recomienda hacer clic en **"Yes"** en el cuadro de diálogo (Figura 12). Las pirámides son técnicas de visualización que permiten mejorar el rendimiento de imágenes ráster. A medida que se acerca con un "zoom", se dibujan los niveles con mejor resolución, y así sucesivamente áreas más pequeñas, sin necesidad de leer la imagen ráster por completo (ESRI, 2019b).

Figura 12. Construcción de pirámides en una imagen ráster.

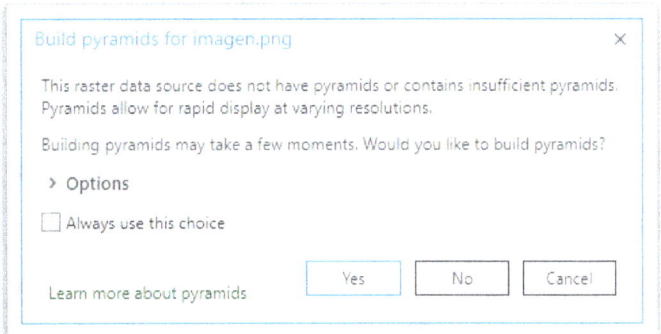

Ahora la imagen esta añadida en ArcGIS Pro, aunque no se la puede visualizar todavía. Adicionalmente se muestra un mensaje "Unknown Coordinate System" en la parte derecha de la pantalla, indicando que no posee información del sistema de coordenadas (por ahora, omitir este mensaje). En el panel **"Contents"** el archivo añadido esta nombrado como **imagen.png**, con sus respectivas bandas (RGB). Para visualizar la imagen basta con hacer clic derecho sobre la capa "**imagen.png**" y seleccionar la opción "**Zoom To Layer**" (Figura 13).

Figura 13. "Zoom To Layer" a una capa.

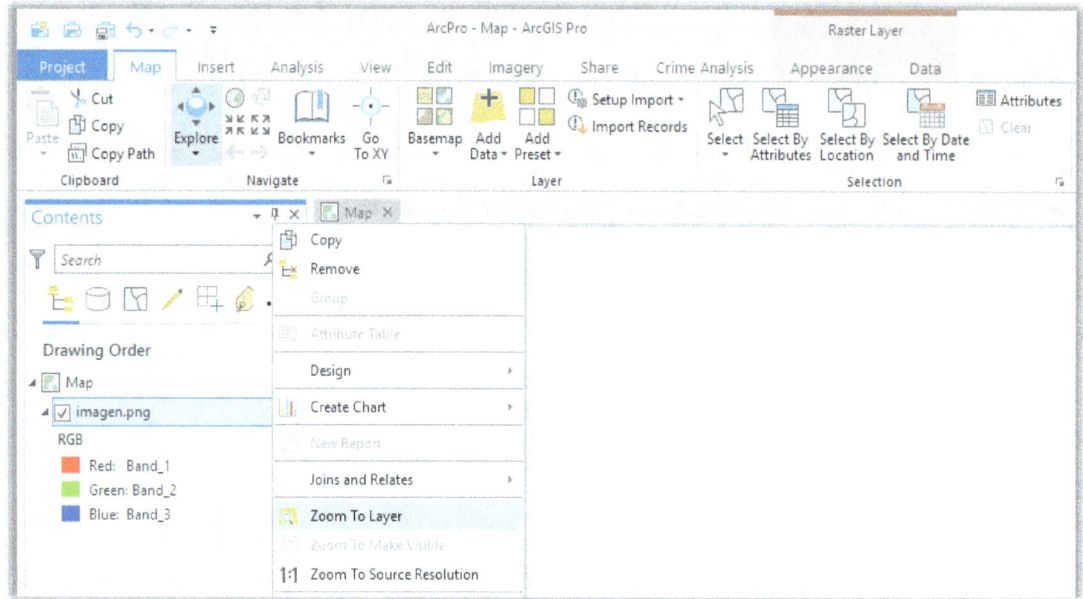

Luego de ejecutar la opción **"Zoom To Layer"** se puede ver la **"imagen.png"** en la pantalla (Figura 14). **Esta imagen será la base de este manual**, la misma que permitirá crear las diferentes capas vectoriales para la publicación de un mapa.

Figura 14. Vista actual de la imagen sin georreferenciar.

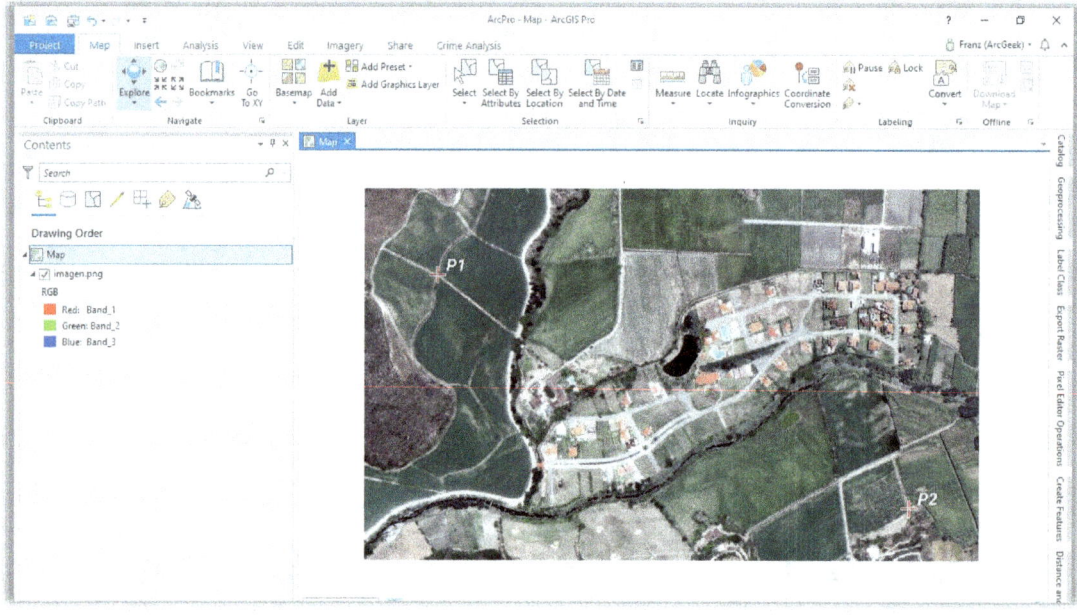

¿Cómo puedo obtener imágenes aéreas de alta resolución?

Una forma común es adquirirlas a través de una compra. Otros entes como gobiernos locales o universidades también pueden proporcionarlas. Otra alternativa es crearlas con el uso de drones. Sin embargo, es importante tener en cuenta que no siempre existen opciones gratuitas.

Para acceder a las herramientas de georreferenciación, primero selecciona la imagen que deseas georreferenciar en el panel de "Contents". Luego, accede a la pestaña **"Imagery"** en la cinta de opciones y haz clic en la herramienta **"Georeference"** en el grupo "Alignment". Esto abrirá las herramientas de georreferenciación, como se muestra en la Figura 15.

Figura 15. Activar las herramientas de georreferenciación de una imagen.

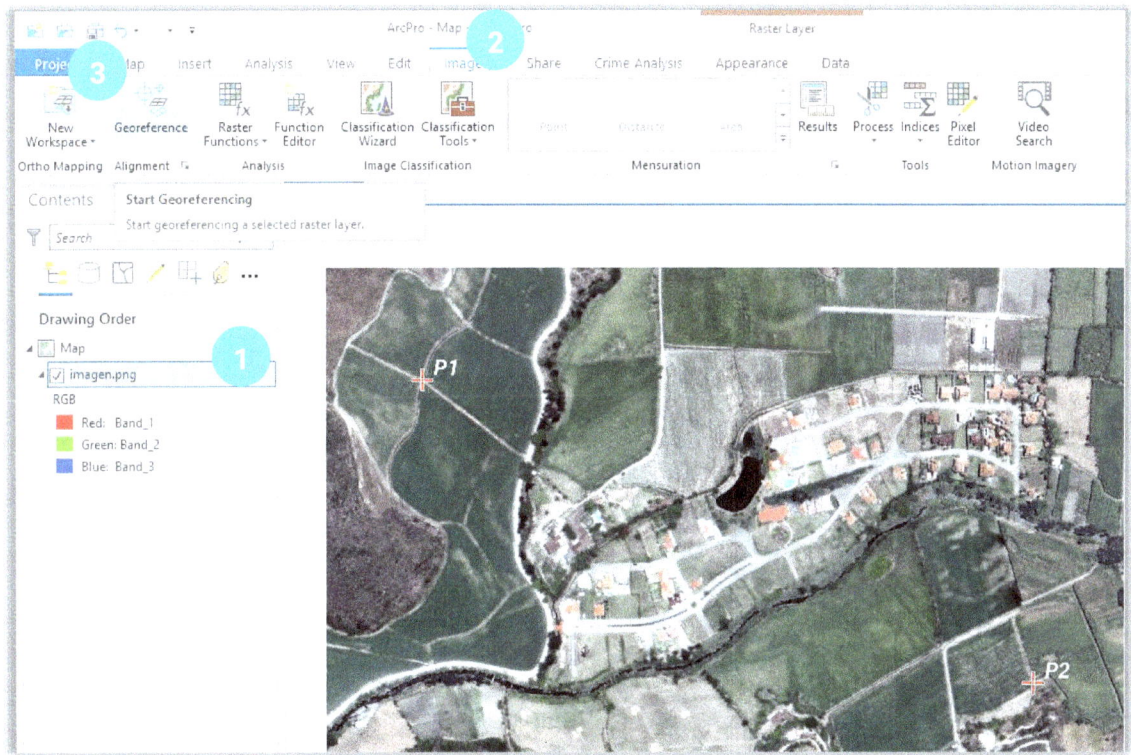

6.2. Seleccionar el sistema de coordenadas

Antes de proceder con la georreferenciación se recomienda definir el sistema de coordenadas de la imagen. En este ejemplo se trabaja con el sistema **"WGS 1984 UTM Zone 17S"**. Para seleccionar el sistema de coordenadas, una vez activada la pestaña **"Georeference"** (Figura 16), primero se debe hacer clic en el botón **"Set SRS"** dentro del grupo **"Prepare".**

Figura 16. Cinta de opciones de la pestaña "Georeference".

Con esto, se abre la ventana emergente "**Map Properties: Map > Coordinate Systems**", donde se selecciona el sistema de coordenadas (aquí: "**WGS 1984 UTM Zone 17S**" dentro de los **"Projected Coordinate Systems";** Figura *17*)**.** Opcionalmente, se puede marcar este sistema de coordenadas como favorito mediante un clic derecho sobre el mismo y seleccionar **"Add to Favorites"**. Así queda guardado dentro de "**Favorites**" para poder accederlo con mayor facilidad a futuro.

La ruta del sistema de coordenadas para este ejemplo se encuentra ubicada en:

Projected Coordinate System > UTM > WGS 1984 > Southern Hemisphere > WGS 1984 UTM Zone 17S

Figura 17. Seleccionar el Sistema de Coordenadas.

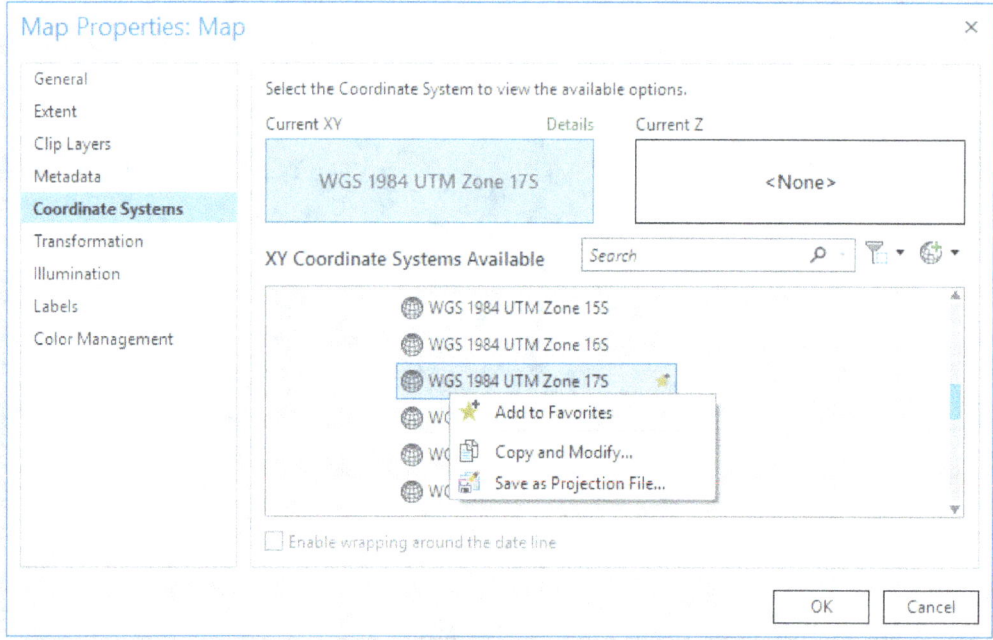

6.3. Georreferenciar una imagen con puntos de control

Los puntos de control son clave para la georreferenciación, ya que establecen la relación entre las coordenadas XY de una imagen ráster y las coordenadas en el mundo real; es decir, son el vínculo que permite ubicar espacialmente una imagen ráster.

Es de suma importancia comprender con claridad la lógica de la georreferenciación. En general, no importa de dónde se obtenga una imagen (inclusive si es una captura de pantalla), lo esencial es identificar los mismos objetos tanto en la imagen como en el mundo real y asignar las coordenadas adecuadas a los puntos de control.

Una vez que se haya cargado la imagen y se haya establecido el sistema de coordenadas, es posible insertar los puntos de control. Si la "**imagen.png**" no se encuentra visible en la vista actual de la pantalla, puede hacer clic en "**Fit To Display**" dentro del grupo "**Prepare**" en la pestaña **"Georeference"** (Figura 18).

Figura 18. Fit to Display dentro del menú Georeference.

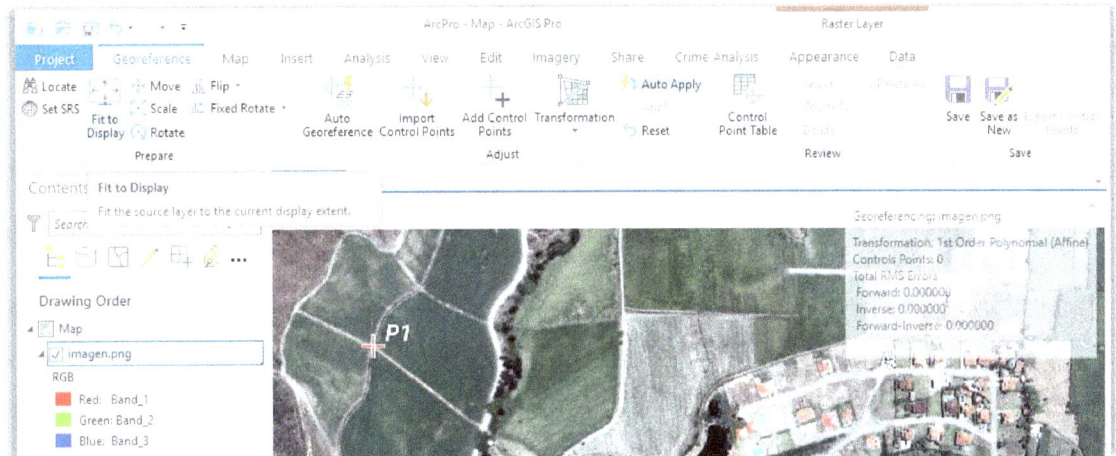

Para georreferenciar la "**imagen.png**" en base de los puntos de control, se debe seguir los siguientes pasos. Primero, se debe hacer clic en el ícono "**Add Control Points**" ubicado en el grupo **"Adjust"** en la pestaña **"Georeference"** (Figura *19*). Luego, el cursor se transformará en una cruz y aparecerá el texto "**From point (source)**" debajo de él.

Después, se debe hacer clic en un punto conocido de la imagen (P1), y aparecerá el texto "**To point (target)**". Para agregar las coordenadas de P1, se hace un clic derecho sobre el punto seleccionado y se abrirá la ventana "**Target Coordinates**". Aquí, se debe ingresar las coordenadas conocidas (en este caso: X: 691263; Y: 9532775) y, finalmente confirmarlo con "**OK**".

Es posible que la imagen.png desaparezca de la vista actual después de agregar el primer punto. Para resolver este problema, se debe hacer un clic derecho en la imagen (panel **"Contents"**) y se selecciona" **Zoom To Layer"** (Figura 13).

El mismo procedimiento se debe seguir para agregar el segundo punto (P2 =X: 692075; Y: 9532387) y otros puntos adicionales que se desee incluir. En general, con un número de puntos de control más grande la georreferenciación se hace más exacta. También es posible insertar coordenadas geográficas, es decir, en formato de grados, minutos y segundos. Para esto solo es necesario activa la casilla **"Show Coordinates in DMS"** (Figura 19).

Figura 19. Agregar puntos de control con la herramienta "Add Control Points".

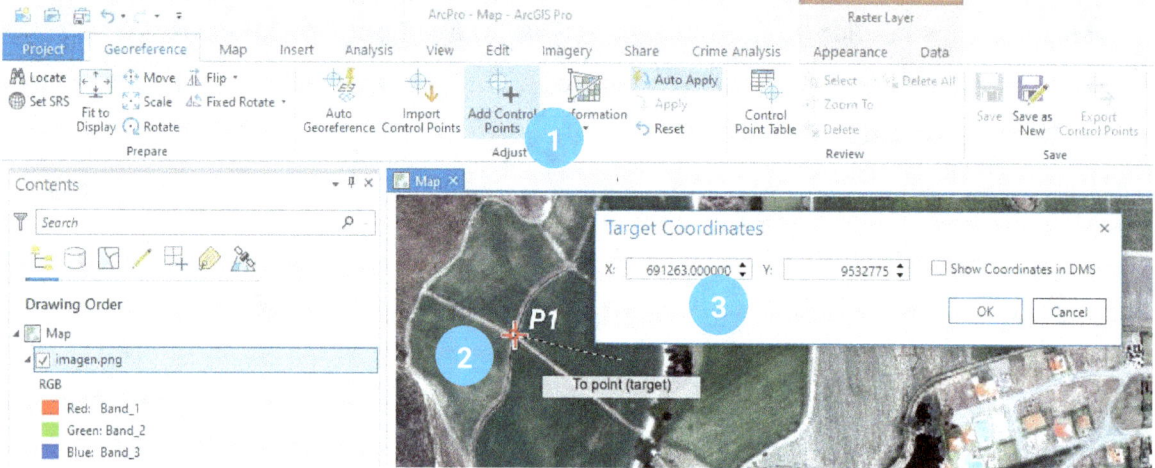

Para finalizar el proceso de georreferenciación, luego de haber puesto adecuadamente las coordenadas a cada uno de los puntos de control, se debe guardar los cambios realizados. Para ello, en la pestaña **"Georeference",** dentro del grupo **"Save"** se debe hacer clic en el botón **"Save"**. Esto solo generará archivos auxiliares relacionados con la imagen actual que contienen las transformaciones realizadas. Si se desea guardar los cambios en una nueva imagen, se debe seleccionar **"Save as New"**. De esta manera la imagen original no sufrirá modificaciones espaciales. Finalmente, para cerrar la pestaña **"Georeference"**, se debe pulsar el botón **"Close Georeference"** en la parte derecha de la pestaña (Figura 20).

Se puede ir a una ubicación específica dentro del mapa utilizando el botón "Go to XY", el cual se encuentra en la pestaña "Map > Navigate".

Este botón permite ingresar en varios formatos las coordenadas correspondientes a la ubicación deseada y luego navegar directamente a ella.

Figura 20. Grabar imagen georreferenciada.

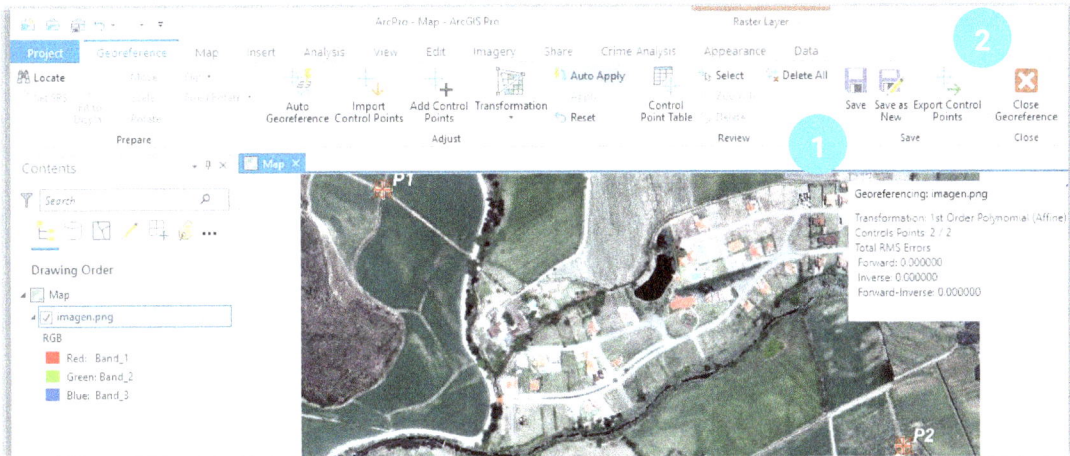

Adicionalmente se puede personalizar las unidades de las coordenadas de la vista actual del mapa en la barra inferior de ArcGIS Pro (Figura 21).

Figura 21. Cambiar unidades de las coordenadas del mapa.

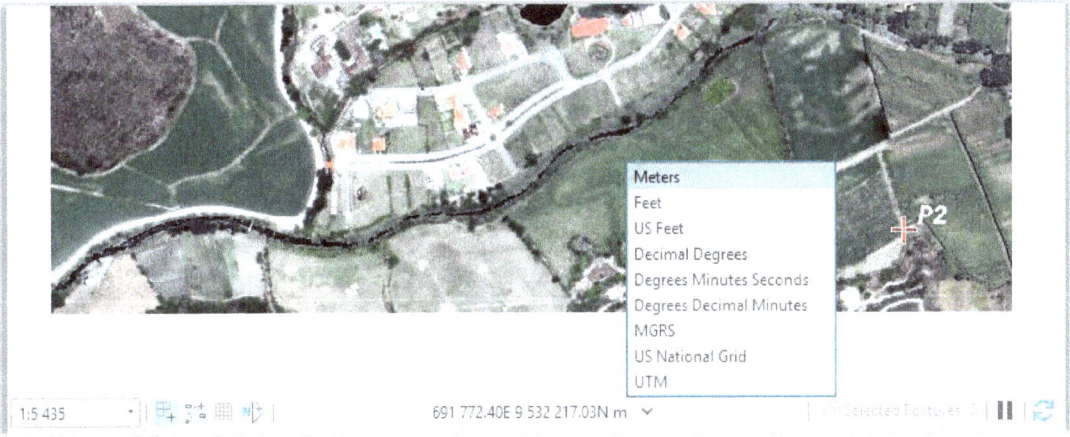

6.4. Georreferenciar una imagen sin puntos de control

En ocasiones, no es posible obtener las coordenadas precisas de los puntos de control en el terreno, pero existen capas vectoriales que permiten georreferenciar los elementos presentes en la imagen, como vías, edificaciones, árboles, etc.

Por ejemplo, se puede georreferenciar una imagen en base a una capa vectorial de vías, identificando los puntos en la imagen que coincidan con las intersecciones de la capa de vías, los cuales se establecen como puntos de control. La Figura 22 muestra los puntos de la imagen que deberían coincidir con las intersecciones de la capa de vías, indicados por flechas azules.

En este tipo de georreferenciación, es importante asegurarse de que los puntos de control seleccionados sean precisos y correspondan a los mismos elementos de referencia en la imagen y en la capa vectorial. Esto permitirá obtener una georreferenciación precisa de la imagen, lo que es esencial para cualquier aplicación posterior que requiera la información espacial.

Figura 22. Identificación de puntos comunes en una imagen y una capa vectorial.

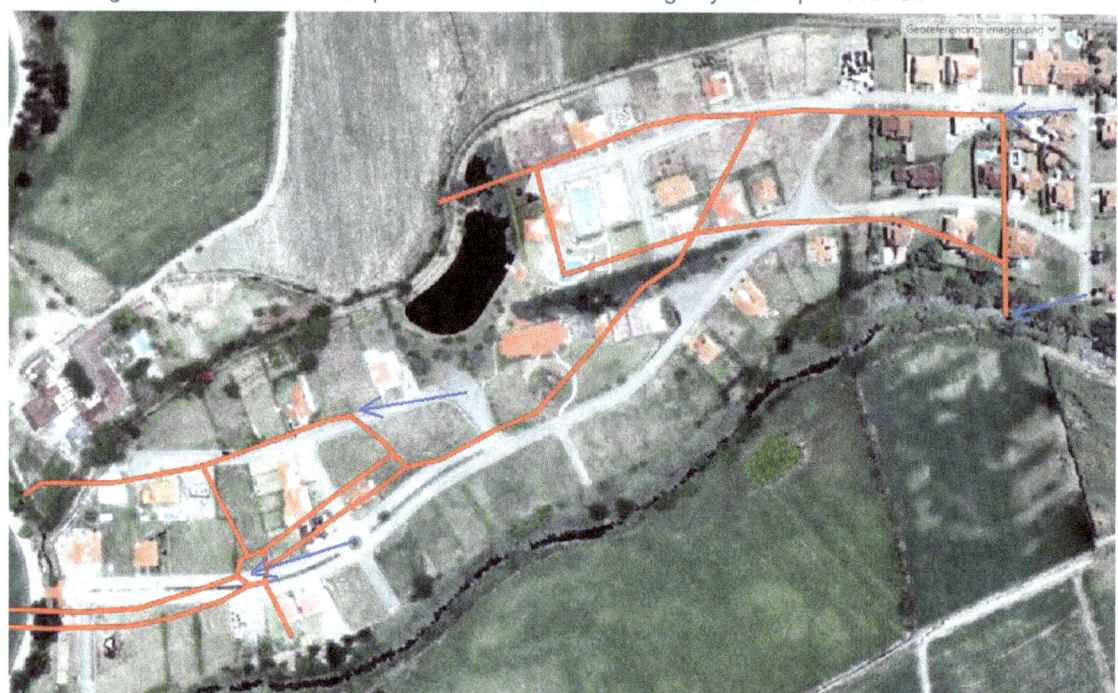

Para desarrollar este ejemplo, se puede crear un nuevo "Map" (apartado 5.3). Luego agregar la capa vectorial "vias.shp" y la "imagen.png" (ubicados en la carpeta (06_georreferenciar\sin_coordenadas), posteriormente seleccionar la imagen y activar el georreferenciador (Figura 15). Después, es necesario definir el sistema de referencia para la imagen a georreferenciar. Para ello, se debe seguir los mismos pasos descritos en la sección 6.2.

Una vez hecho esto, se hace clic derecho sobre la capa de vías, seleccionando "Zoom To Layer. Luego, se selecciona la imagen en el panel **"Contents"** y en la pestaña **"Georeference"** dentro del grupo **"Prepare"** se elige "**Fit To Display**" para ubicar las vías sobre la imagen.

Para establecer los puntos de control, debemos hacer clic en "**Add Control Points"** en el grupo **"Adjust"** de la pestaña **"Georeference"**. El puntero del ratón mostrará el texto **"From point (source)"**, lo que significa que se debe hacer clic en la imagen para marcar el punto inicial, por ejemplo, el redondel o rotonda (Figura 23). Después, se hace clic en la intersección correspondiente en la capa de vías ("**To point, target**"). Esto se repite varias veces para cada intersección o punto de control hasta que se ajusten las dos capas adecuadamente. El ajuste de las capas es automático después de cada asociación de puntos.

Figura 23. Ingresar puntos de control para georreferenciar a partir de una capa vectorial.

La cantidad de puntos de control que se utilicen no garantiza automáticamente la calidad de la georreferenciación. Además, es esencial colocar los puntos de control de manera equilibrada en la imagen, es decir, no enfocarse en una sola área. Es importante distribuir los puntos de control de manera uniforme en toda la imagen para obtener los mejores resultados (Figura 24). Mas aun, se puede aplicar transformaciones más complejas, como polinomios, splines, ajustes o proyectivas, para determinar la ubicación precisa de las coordenadas para cada celda de la imagen.

Con un mayor número de puntos de control, se pueden aplicar transformaciones más complejas, como polinomios, splines, ajustes o proyectivas, para determinar la ubicación precisa de las coordenadas para cada celda de la imagen raster (Figura 25).

Figura 24. Distribución de puntos de control.

Para evaluar la calidad del proceso de georreferenciación se puede abrir la Tabla de los Puntos de Control (**"Control Point Table"**). A esta herramienta s se accede haciendo clic en "**Control Point Table**", que se encuentra en la pestaña **"Georeference"** dentro del grupo **"Review"**. El error residual en la tabla indica qué tan confiables son las coordenadas obtenidas para la imagen georreferenciada. Cuanto menor sea el error, mejor será la calidad del resultado (Figura 25). El error se mide generalmente en metros. Por ejemplo, para el catastro rural, un error de hasta tres metros puede ser aceptable, mientras que, para el catastro urbano, se esperaría un error de 25 centímetros o menos, dependiendo de las leyes locales.

Figura 25. Tabla de puntos de control en la georreferenciación.

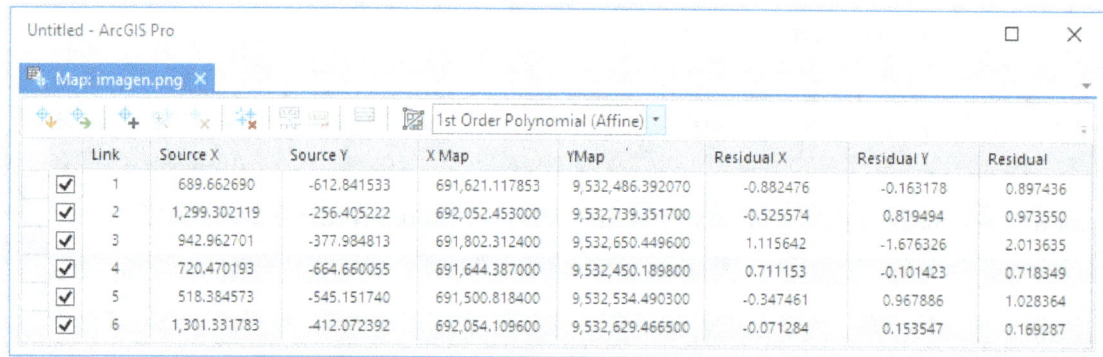

Se recomienda evitar el uso de imágenes de "Google Earth" para trabajos técnicos debido a que no son precisas, ya que muestran la topografía y no son planas. Además, muchas veces estas imágenes no están disponibles en alta resolución, por lo que es preferible utilizarlas solo como referencias para los estudios. La idea es minimizar las distorsiones en el relieve y mejorar la calidad de la imagen a través del uso adecuado de puntos de control.

No es posible determinar un número ideal de puntos ya que esto depende del caso en particular. En algunas situaciones, solo dos puntos pueden ser suficientes, mientras que en otras se necesitan 20 puntos por lo menos. Sin embargo, lo más importante es colocar los puntos de manera precisa y exacta para garantizar su fiabilidad.

¡La cantidad de puntos de control que se necesitan depende de la calidad de los datos de entrada!

Por ejemplo, si la carta topográfica está bien escaneada sin arrugas o deformaciones, entonces se requieren pocos puntos. Sin embargo, si la carta topográfica presenta deformaciones, puede afectar la calidad de la imagen, que requiere más puntos de control para ajustar geométricamente la imagen a través de la georreferenciación.

---

7. Creación y edición de entidades vectoriales

7.1. Creación de Feature Class (shapefiles)

Para crear nuevas entidades vectoriales, como puntos, líneas o polígonos, se dirige a la pestaña **"Analysis"** al grupo de **"Geoprocessing",** específicamente la herramienta **"Tools"** (Figura 26), siguiendo la siguiente ruta:

Pestaña Analysis > Geoprocessing > Tools

Figura 26. Abrir el panel de herramientas "Tools".

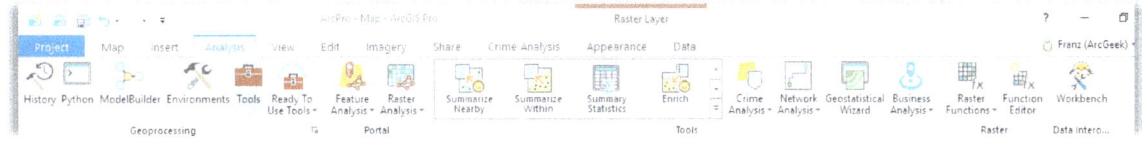

Desde el panel "Geoprocessing" abrir la herramienta **"Create Feature Class"** que se encuentra localizada en la siguiente dirección, tal como muestra la Figura 27:

Geoprocessing > Toolboxes > Data Management Tools > Create Feature Class

Figura 27. Panel "Geoprocessing" (Caja de herramientas "Toolboxes").

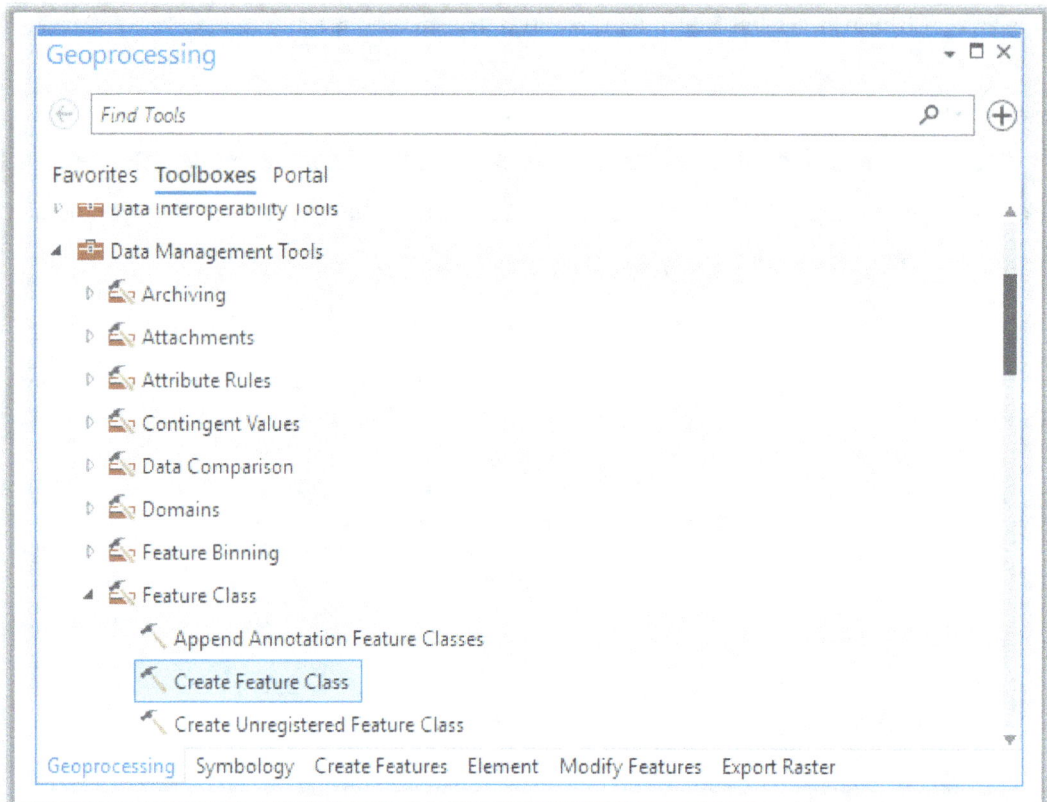

En general, todas las herramientas de geoprocesamiento comparten características similares, tales como la necesidad de especificar las capas de entrada, configurar parámetros relevantes, y elegir una ruta de salida para los resultados.

La herramienta "Create Feature Class" (Figura 28) se usa para crear las capas vectoriales que se utilizarán para digitalizar los elementos de la imagen georreferenciada.

Figura 28. Configuración de la herramienta "Create Feature Class".

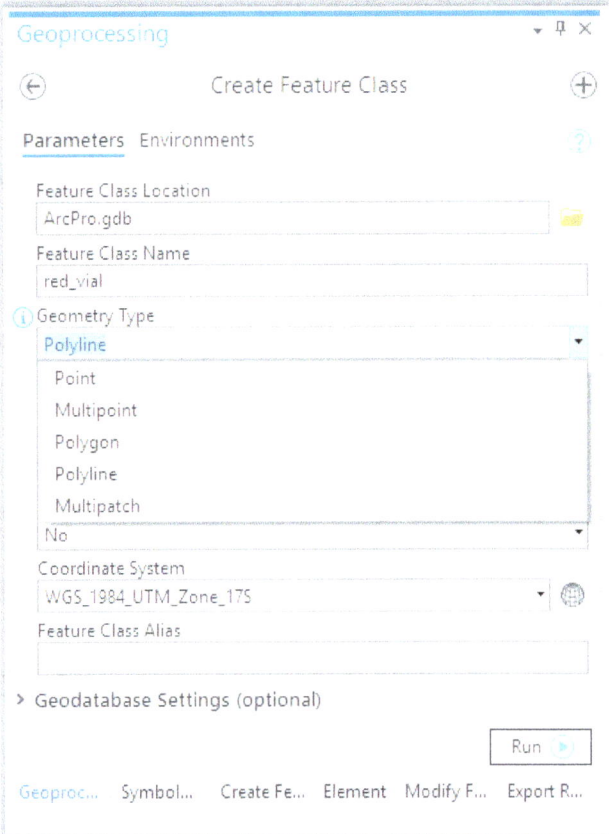

La configuración de los campos que se muestran en la Figura 28 se lo realiza de la siguiente manera:

- **Feature Class Location:** Selecciona el nombre de una geodatabase (de forma predeterminada se encuentra la "geodatabase" del proyecto). También se puede seleccionar el nombre de una carpeta en caso de que no se desee almacenar dentro de una "geodatabase".

- **Feature Class Name:** Asigna el nombre de la nueva capa vectorial, se recomienda no usar caracteres especiales ni espacios. Si en el campo anterior **"Feature Class Location"** se selecciona una carpeta, en el actual campo se crean los archivos vectoriales tipo "shapefile", con la extensión ".shp" (p.ej. "red_vial.shp").

- **Geometry Type:** Selecciona el tipo de capa, sea punto, línea o polígono.

- **Coordinate System:** En esta sección se define el sistema de referencia utilizando el ícono del globo terrestre.

  Para el presente caso se aplica: "Projected Coordinate Systems > UTM > WGS 1984 > Southern Hemisphere > WGS 1984 UTM Zone 17S".

  Los campos **"Has M"**, **"Has Z"**, y **"Feature Class Alias"** se deja como vienen por defecto.

- **Run:** Hacer clic para ejecutar el geoproceso; es decir, para crear las nuevas entidades vectoriales

Práctica: Crea las capas vectoriales tipo puntos, líneas y polígonos de la Tabla 1 utilizando la herramienta **"Create Feature Class"** y el sistema de referencia **"WGS 1984 UTM Zone 17S"**.

Tabla 1. Lista de capas vectoriales

Shapefile	Tipo
edificaciones	Punto
puntos_control	Punto
red_vial	Línea
red_hidrica	Línea
cobertura_vegetal	Polígono
lago_laguna	Polígono

Cada una de las capas vectoriales muestra un ícono según la geometría asiganada, sea puntos, líneas o polígonos, tal como se muestra en el panel **"Contents"** (Figura 29).

Figura 29. Capas vectoriales dentro del panel "Contents".

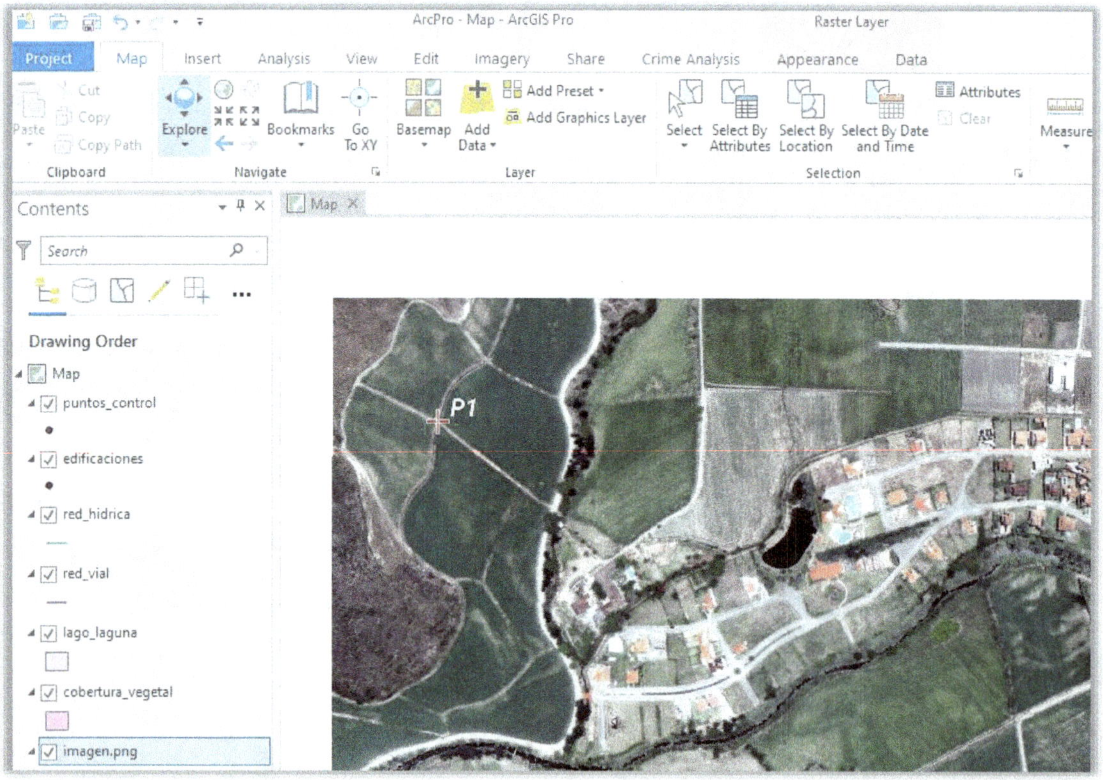

7.2. Edición de capas vectoriales (shapefiles)

Para iniciar la edición de una capa vectorial en ArcGIS Pro, es necesario seguir los siguientes pasos. Primero, se debe seleccionar la capa que se desea editar en el panel

"Contents". Luego, en la pestaña **"Edit"**, dentro del grupo de herramientas **"Features"**, se encuentran las opciones **"Create", "Modify"** y **"Delete"**, los cuales permiten crear, modificar o eliminar una entidad o elemento de la capa.

Es importante mencionar que, para realizar ediciones en una capa vectorial, es necesario habilitar/seleccionar la capa a editar primero y posteriormente ir a la pestaña "Edit" para activar la edición requerida (**"Create", "Modify"** o **"Delete")**. Después se debe seleccionar la capa vectorial en el panel de **"Create Features"** en la ficha **"Templates"**. para realizar las ediciones. Una vez hecho esto, se puede colocar el cursor en la imagen georreferenciada para dibujar las líneas, polígonos, etc. requeridas. Finalmente se guardan las ediciones o los cambios realizados en el grupo **"Manage Edits"**, mediante el comando **"Save"** o se descartan los cambios mediante el comando **"Discard"** (Figura 30). Se recomienda guardar los cambios constantemente (**"Save")** para evitar la pérdida de información en caso de algún fallo en el programa o en el sistema. También es importante asegurarse de que se está trabajando en la capa correcta antes de guardar los cambios. Además, es recomendable hacer una copia de seguridad de los archivos de datos antes de realizar cualquier edición importante en la capa.

Figura 30. Herramientas de edición en la pestaña "Edit" en la cinta de opciones.

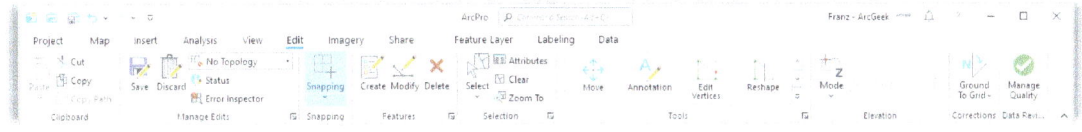

Se puede ir a una ubicación específica dentro del mapa utilizando el botón "Go to XY", el cual se encuentra en la pestaña "Map > Navigate".

Este botón permite ingresar en varios formatos las coordenadas correspondientes a la ubicación deseada y luego navegar directamente a ella.

7.3. Edición de puntos

Una forma de comenzar la digitalización de puntos es seleccionar una capa correspondiente a los puntos deseados, por ejemplo, "edificaciones", dirigirse al menú **"Edit"**, clic en **"Create"**, con esto aparece el panel **"Create Features"**. Es importante verificar que la capa de puntos esté seleccionada en **"Templates"** y luego hacer clic en el botón **"Point, create a point feature"** para crear una entidad de tipo punto. Una vez hecho esto, se puede colocar el cursor en el centro de la primera vivienda y hacer clic para agregar un punto. Este proceso se repite hasta que se hayan digitalizado todas las viviendas necesarias (ver Figura 31).

Para hacer el trabajo más eficiente, se recomienda hacer uso de herramientas de zoom y de paneo o desplazamiento. De esta manera, es posible tener mayor control y precisión en la colocación de puntos, especialmente en objetos pequeños. Además, de usar el ratón, es posible utilizar las teclas de flecha para un movimiento más preciso.

Es importante recordar que, al hacer cambios en una capa, se deben guardar periódicamente para evitar pérdidas de información. Para ello, se puede utilizar **"Save"** en la pestaña **"Edit".** De esta forma, se podrán mantener guardados todos los cambios realizados.

Figura 31. Modo edición de la aplicación ArcGIS Pro.

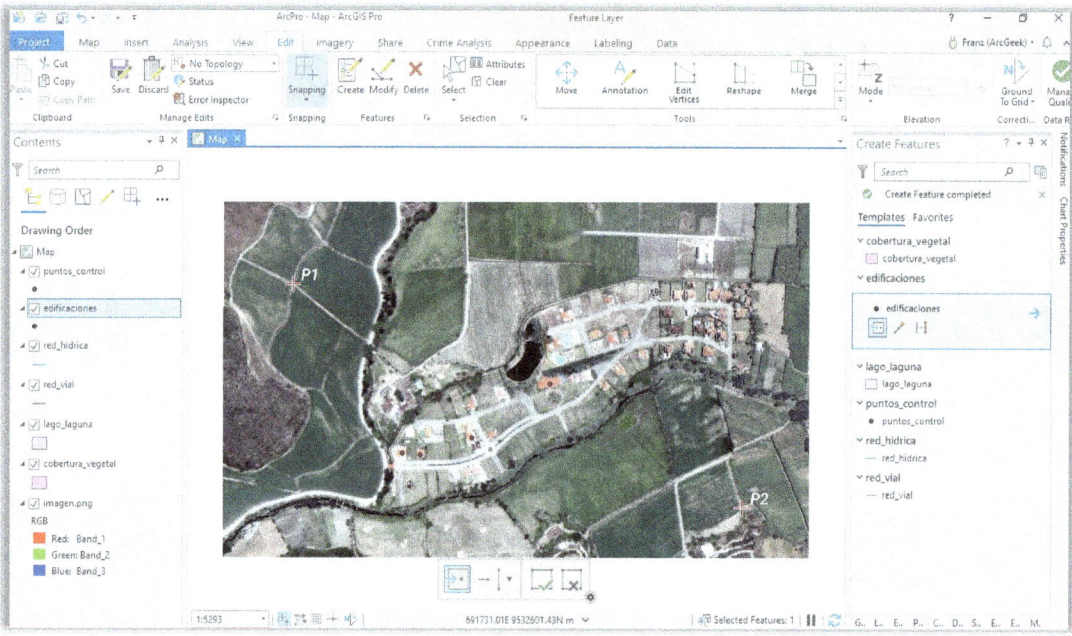

Otra forma de crear nuevos puntos es mediante la introducción directa de sus coordenadas XY. Para hacerlo, se debe seleccionar la capa de puntos correspondiente en el panel **"Create Features > Templates"**. Luego, se hace clic en el botón **"Point"** y se ubica en cualquier lugar del mapa, haciendo clic derecho para seleccionarla opción **"Absolute X,Y,Z..."** (como se muestra en la Figura 32). Esto abrirá una ventana en la que se pueden ingresar los valores de XY correspondientes al punto deseado (p.ej. X = 691263; Y = 9532775 para P1, y X = 692075; Y = 9532387 para P2). Una vez ingresados los valores, se aceptan los cambios pulsando la tecla **"Enter"**.

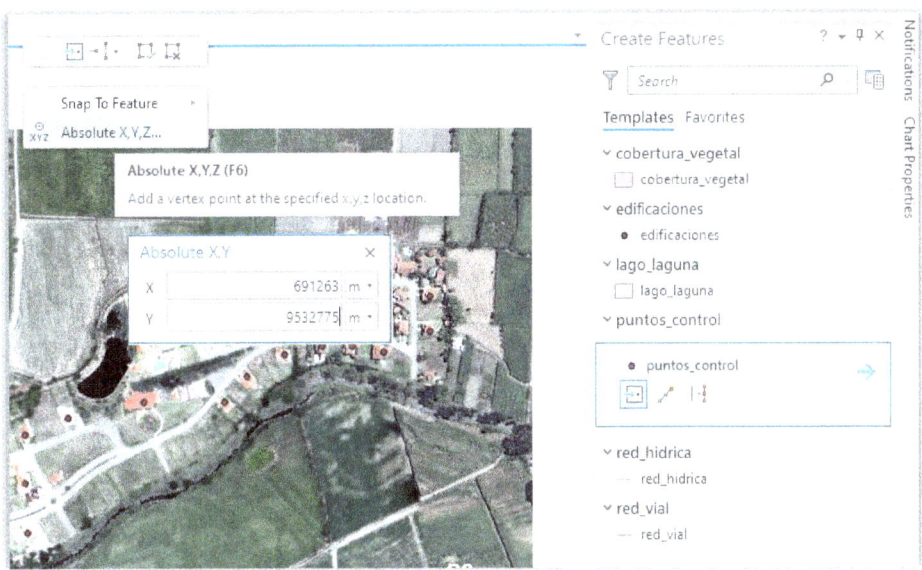

Las coordenadas se pueden ingresar en varios formatos, como metros, grados decimales, "MGRS", "UTM", entre otros. Si se necesita cambiar el formato, se debe abrir la ventana **"Absolute X,Y"**, tal como se explicó anteriormente, y hacer clic en el icono desplegable ubicado en la parte derecha. Al hacer esto, aparece una lista de opciones de formato para seleccionar el requerido. Para ingresar coordenadas en formato "UTM", se deben seguir las indicaciones de la "Figura *33* (p.ej. edificaciones: 17M 691507 9532881). Después de ingresar cada punto se debe presionar la tecla **"Enter"** para aceptar el cambio. Una vez finalizada la edición, se debe guardar todos los puntos ingresados ("**Edits > Manage Edits > Save"**).

"Figura 33. Formato de coordenadas disponibles en Absolute X,Y.

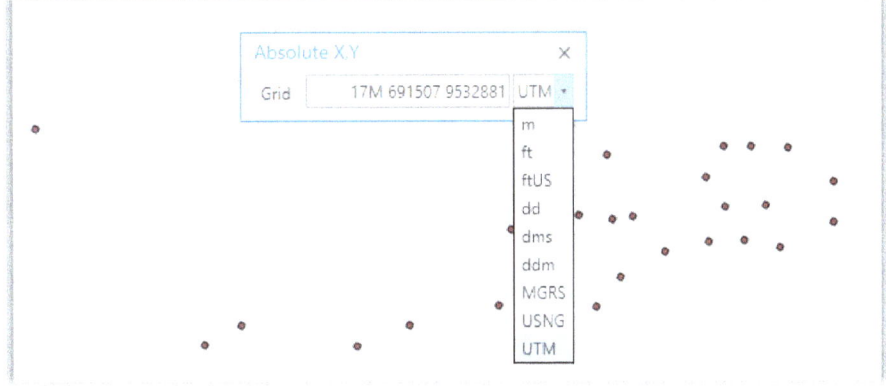

Para ajustar la ubicación espacial de un punto, primero se debe seleccionar la capa que se desea modificar (p.ej. edificaciones) y hacer clic en la pestaña **"Edit"**. Después, se debe seleccionar la herramienta **"Move"**, que se encuentra en el grupo **"Tools"**. Para modificar la ubicación del punto o eliminarlo, se debe seleccionar este punto especifico con un clic (el punto seleccionado se resaltará en amarillo) y después se puede arrastrarlo hacia su nueva ubicación (ver Figura 34) o eliminarlo presionando la tecla **"Supr o Delete"** en el teclado. Para guardar la nueva ubicación del punto, se debe hacer clic en la flecha en la parte izquierda arriba del panel **"Modify Features"** para habilitar el botón **"Save"**.

Figura 34. Modificar la ubicación de un punto con la herramienta "Move".

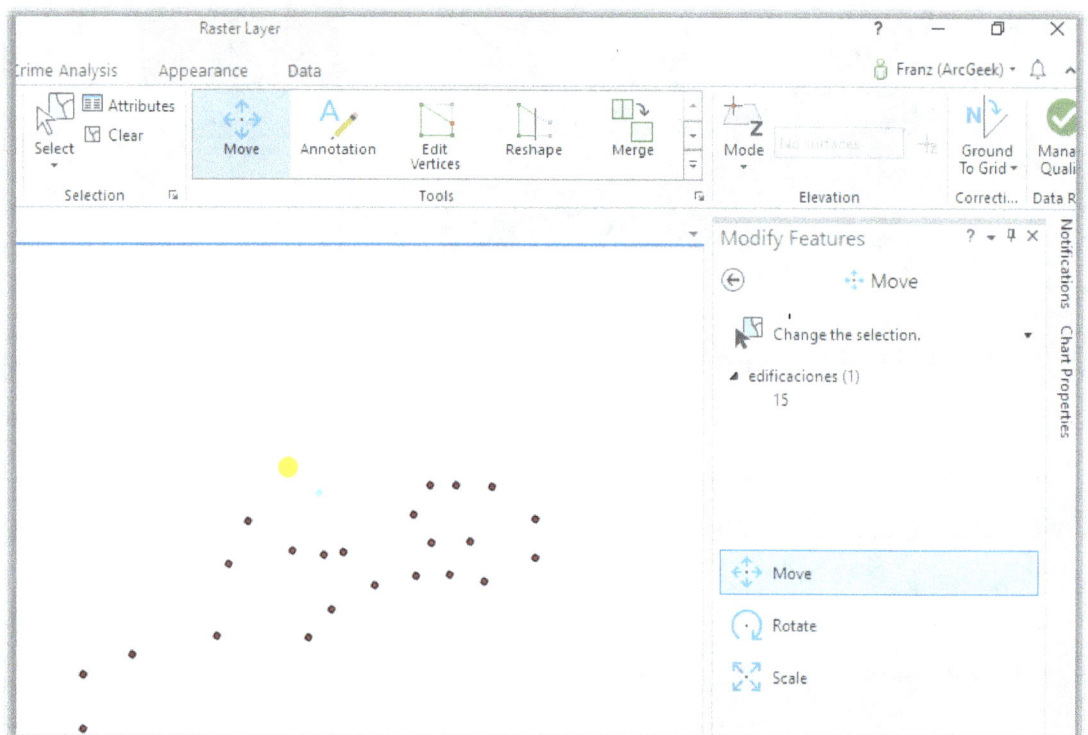

7.4. Edición de líneas

Para digitalizar líneas, es necesario seleccionar la capa (p.ej. **"red_vial"**) correspondiente en el panel **"Create Features > Templates"** y hacer clic en el botón **"Line, Create a line feature"** (Figura 35). Para trazar la línea, se debe marcar el punto de inicio y seguir marcando los demás puntos uno a uno hasta completar una sección o línea. Para finalizar la línea, se puede hacer doble clic en el último vértice o pulsar la tecla **"F2"**. Los nodos en verde indican la cantidad de puntos que se han marcado para construir la polilínea; mientras que el nodo rojo representa el último punto marcado. Este proceso se repite para todos los tramos de la capa (vectorizar toda la red vial y caminos que se encuentren presentes en la imagen).

Es importante asegurarse de mantener la conectividad entre los elementos de las líneas al momento de digitalizar. En el caso de la red vial, no pueden resultar tramos que no se conecten entre sí o sectores donde las conexiones sobrepasen los bordes de una línea existente. Para lograr una mayor precisión en la edición y evitar errores, es fundamental activar las herramientas de "**Snapping**", las cuales permiten que el puntero se ajuste automáticamente a los bordes, vértices u otros elementos geométricos cercanos con una determinada tolerancia ajustable.

En la capa "**red_hidrica**", se digitaliza el cauce del río utilizando el mismo procesamiento utilizado para la "**red_vial**".

Figura 35. Digitalización de líneas en ArcGIS Pro.

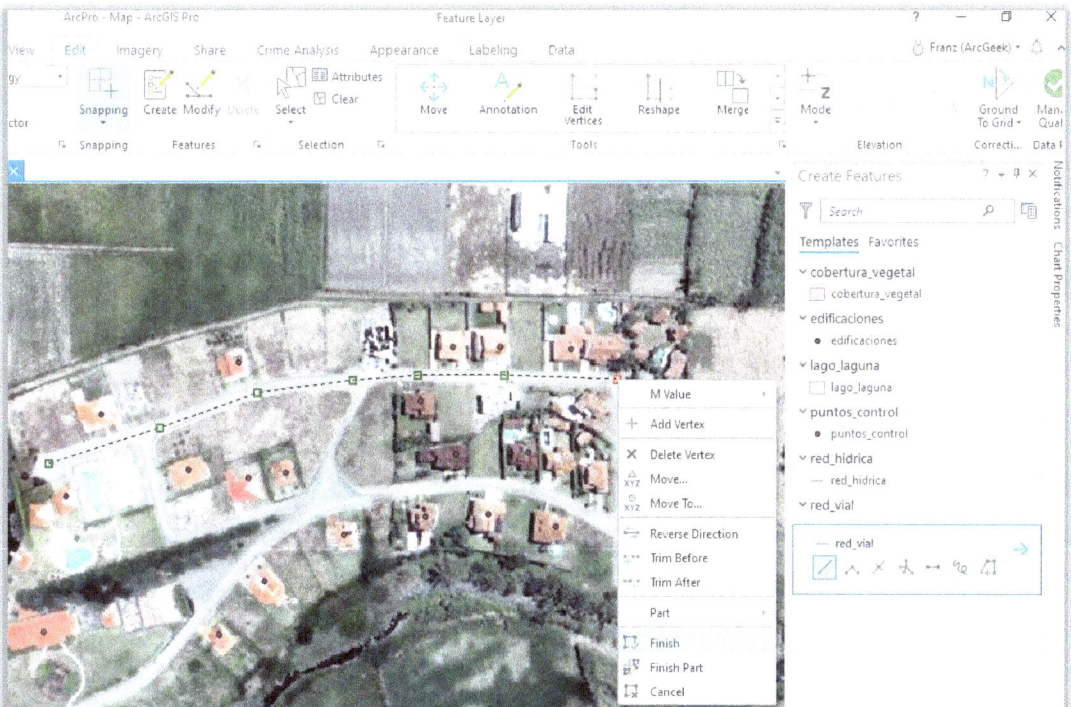

Para modificar una polilínea en la capa "**red_vial**", primero se debe seleccionar la capa que desea modificar y hacer clic en la pestaña **"Edit"**. Luego, dentro del grupo de herramientas **"Selection"**, se hace clic en el botón **"Select"** y después en el segmento/línea que se quiere modificar. El segmento se resaltará en color celeste para indicar que ha sido seleccionado. Desde aquí, se puede eliminar la línea o mover la polilínea completa (Figura 36).

Recuerda, si desea eliminar una línea por completo, solo se debe seleccionar la línea con el botón **"Select"** y luego presionar la tecla **"Supr"** en el teclado. Para seleccionar dos o más líneas, presiona la tecla **"Mayúsculas"**.

Figura 36. Selección de una polilínea en modo edición.

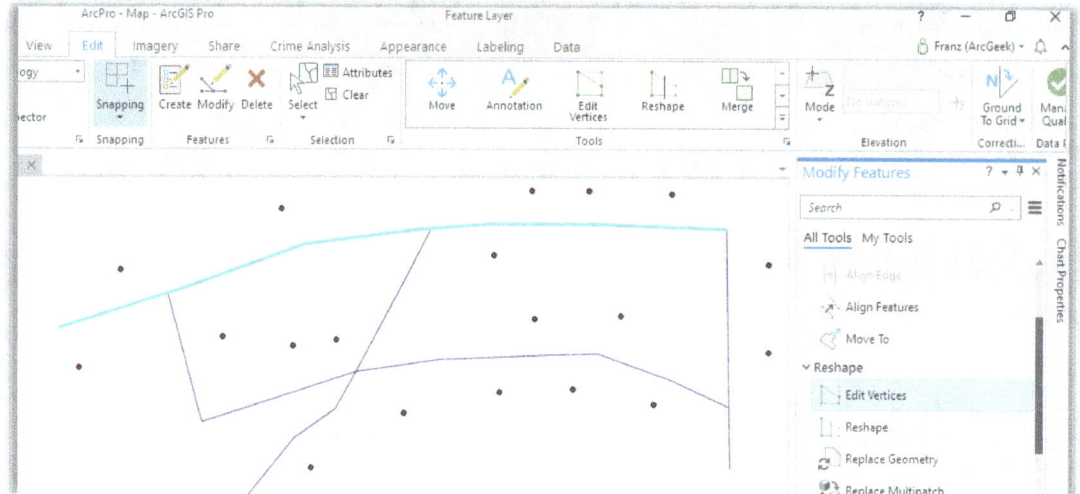

Para ajustar la geometría de una polilínea (mover los vértices), se utiliza la herramienta **"Edit Vertices"** del grupo **"Tools"**. Para acceder a esta herramienta, se la activa y después se hace doble clic en el segmento por ajustar. Así se muestran todos los vértices que conforman la polilínea. A partir de aquí, se puede mover cada uno de los vértices libremente hasta lograr la trayectoria deseada. No olvide, guardar los cambios, haciendo clic en **"Save"**. La herramienta **"Edit Vertices"** también permite ver las coordenadas XY de cada uno de los vértices o puntos que conforman la polilínea o polígono (Figura 37).

Figura 37. Modificación de los vértices de una polilínea.

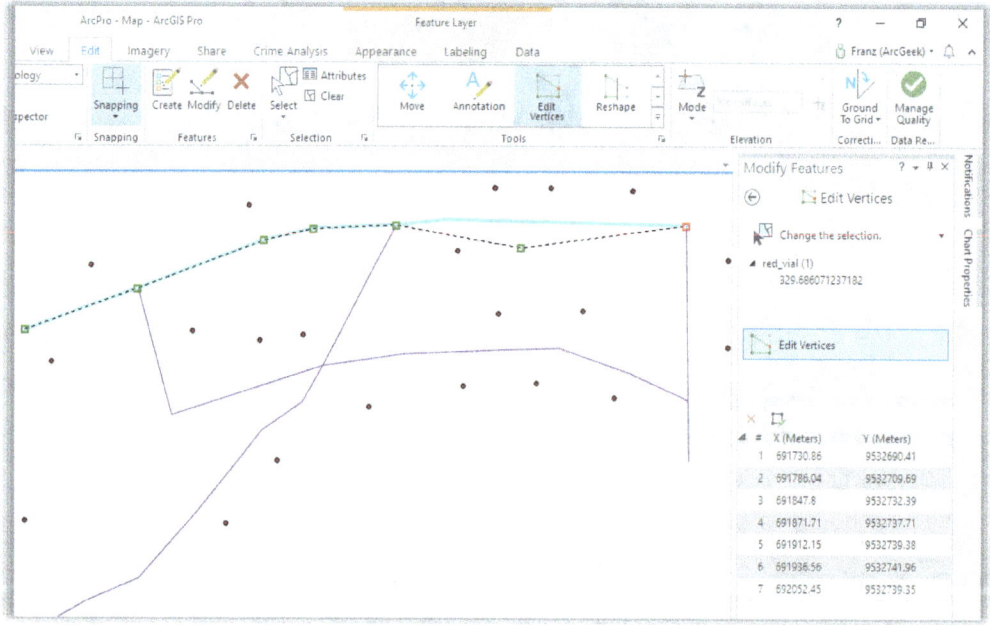

Al trabajar con polilíneas, se debe evitar colocar demasiados vértices en una línea recta, ya que dificulta la edición posterior. Es recomendable colocar solo los vértices necesarios en los puntos extremos. En cambio, en una curvatura es necesario colocar más vértices para ajustarse mejor a su forma de la curva.

Para eliminar un vértice, simplemente haz clic derecho sobre él y selecciona "**Delete Vertex**". Si se necesita agregar uno o más vértices, haz clic derecho sobre el segmento de la polilínea y selecciona "**Add Vertex**". En algunas situaciones, es necesario dividir en dos o más partes una polilínea. Para hacerlo, selecciona la polilínea y usa la herramienta "**Split**" ubicada en el grupo de herramientas "**Tools > Divide".** Luego se debe hacer clic en el punto donde se desea dividir la línea (Figura 38).

Figura 38. Estructura de los vértices en una polilínea.

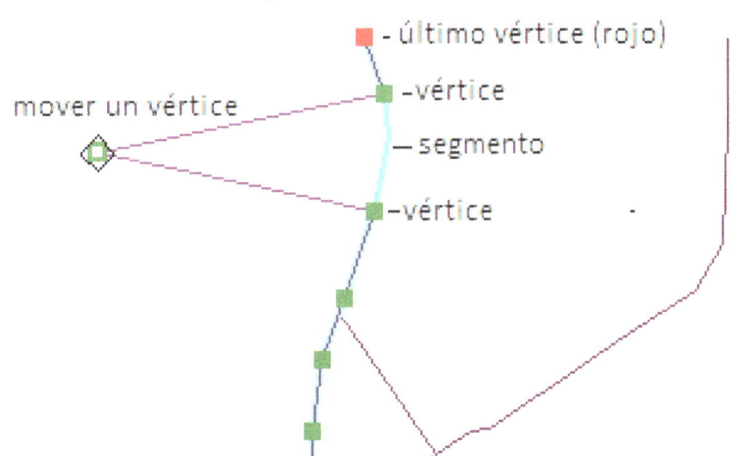

7.5. Edición de polígonos

El proceso de digitalización de polígonos sigue un procedimiento similar al de la digitalización de polilíneas. Se recomienda desactivar previamente las demás capas vectoriales del panel **"Table Of Contents"** para evitar interferencias y confusiones durante el proceso de digitalización.

Para iniciar la digitalización de los polígonos, es necesario seleccionar la capa correspondiente (p.ej. "**cobertura_vegetal**") en el panel "**Create Features > Templates**" y hacer clic en el botón "**Polygon, Create a polygon feature (**Figura 39).

Para comenzar a dibujar el polígono, es necesario hacer clic en el primer vértice y luego continuar dibujando todo el perímetro del área. Una vez terminado, se puede finalizar el dibujo mediante un doble clic o presionando la tecla "**F2**". Es posible asignar varias categorías a los polígonos que se requiere digitalizar (por ejemplo, en la Figura 39 se definen las categorías de pastizal, cultivos y bosque). Sin embargo, para evitar correcciones topológicas en el futuro, es importante tener en cuenta ciertas consideraciones que se detallan en los siguientes párrafos.

Figura 39. Edición de polígono en ArcGIS Pro.

En la digitalización de polígonos, es fundamental evitar errores topológicos como huecos, espacios vacíos o solapamientos en sus límites o entre polígonos vecinos. Los huecos o espacios vacíos suelen ser difíciles de detectar a simple vista, ya que solo pueden ser identificados realizando un gran acercamiento a los límites de las parcelas. Con un acercamiento adecuado, es posible encontrar áreas compartidas por dos o más polígonos también, lo que se denomina solapamiento (Figura 40).

Estos errores topológicos suelen ocurrir cuando no se usan métodos para mantener las reglas topológicas durante la edición o al compilar información de diferentes fuentes o escalas diferentes. Por lo tanto, es importante tener precaución durante la digitalización y edición de polígonos para evitar estos errores. Mantener la integridad topológica de los polígonos permitirá una gestión y análisis adecuado de los datos geoespaciales, garantizando la calidad y la confiabilidad de la información.

Figura 40. Huecos y solapamiento en polígonos.

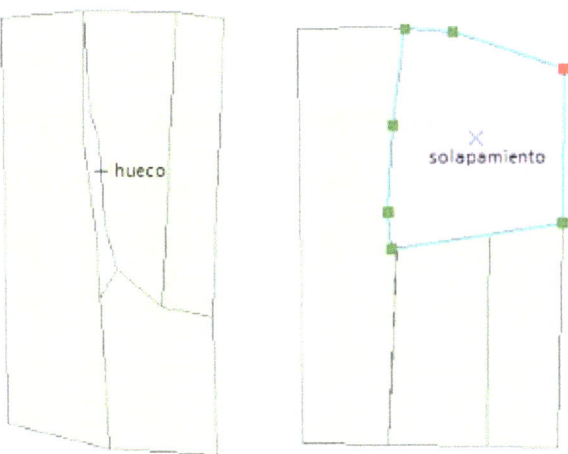

ArcGIS Pro ofrece varias herramientas para mantener la integridad y calidad de la información espacial durante la edición. Entre ellas, se destacan dos herramientas fundamentales que se encuentran en la pestaña "**Edit > Tools":** "**Split**" y "**Reshape**", y una herramienta en el panel "**Create Features > Templates",** llamada "**Autocomplete Polygons**". Estas herramientas son esenciales para lograr una digitalización precisa y reducir significativamente la cantidad de errores que pueden ocurrir durante esta actividad en la capa poligonal. Al utilizar estas herramientas, se puede garantizar la corrección topológica de la capa poligonal, asegurando que no haya espacios vacíos ni solapamientos en los límites de los polígonos. Esto resulta en una mayor eficiencia y precisión en la edición de información espacial y permite la obtención de resultados más precisos y confiables en el análisis, así como en la toma de decisiones basadas en esta información.

Para dibujar superficies con subdivisiones en ArcGIS Pro, se recomienda crear el perímetro externo primero, y luego realizar las divisiones internas. Por ejemplo, al construir un mapa de usos del suelo, se debe dibujar toda el área de estudio y posteriormente dividir las categorías. Es recomendable seleccionar previamente en la simbología un polígono que solo muestre el borde exterior (solo se necesita hacer un clic en el ícono en el panel "**Contents**"), se selecciona la capa (con "**Edit > Selection > Select**") y se elige el polígono deseado (los bordes se tornan celestes). Luego, se hace clic en la herramienta "**Split**" ⊕, para cortar el polígono. Se debe comenzar marcando el primer punto fuera del polígono y continuar dibujando una línea de corte hacia el interior del área. El último punto de la línea de corte debe estar fuera del polígono también. Para finalizar el corte se hace un doble clic o pulsando la tecla "**F2**", (Figura 41). Este proceso se repite las veces que sean necesarias hasta que todas las divisiones o categorías requeridas del área estén hechas. Es

41

importante mencionar que esta herramienta solo se activa cuando uno o varios polígonos están seleccionados.

Figura 41. Cortar polígonos con la herramienta "Split".

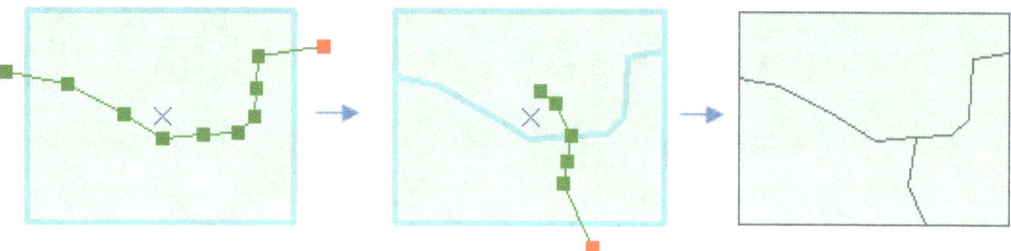

En la edición de polígonos, es necesario saber cómo cambiar su forma para realizar ajustes geométricos. Para ello, se debe seleccionar el polígono ("**Edit > Selection > Select**") y luego hacer clic en el icono "**Reshape**" ubicado en la pestaña "**Edit > Tools**". En la Figura 42 se muestra dos ejemplos de cómo se puede cambiar la forma del polígono. El primer ejemplo a la izquierda ilustra cómo aumentar el área de un polígono (en este caso, una forma cuadrada). Es importante iniciar y finalizar el dibujo de ajuste siempre en el interior del polígono. El segundo ejemplo a la derecha ejemplifica cómo reducir el área de un polígono (en este caso, obteniendo una forma cuadrada). Para ello, se debe iniciar y finalizar el dibujo en el exterior del polígono.

Figura 42. Cambiar la forma a un polígono con la herramienta "Reshape".

Otro escenario es crear polígonos adyacentes. Para esto se debe evitar digitalizar el mismo borde dos veces y, en su lugar, asegurar una estructura continua sin solapamientos ni espacios vacíos. Para llevar a cabo esta tarea, se utiliza la herramienta "**Autocomplete Polygons**" ubicada en el panel "**Create Features > Templates**", la cual permite dibujar nuevos polígonos de manera continua y sin interrupciones. Es importante destacar que no es necesario seleccionar las entidades participantes para comenzar a dibujar los nuevos polígonos. Para crear un polígono continuo, se deben dibujar al menos dos vértices que se conecten con los polígonos vecinos (Figura 43).

Figura 43. Autocompletar polígonos con "Autocomplete Polygons".

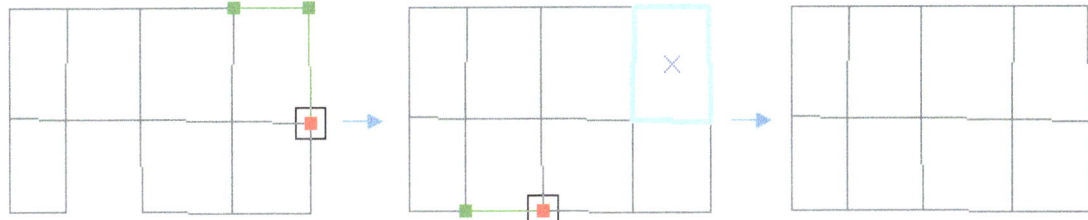

Para fusionar dos o más polígonos dentro de una capa vectorial (shapefile) es necesario seleccionar los polígonos participantes (utilizando la herramienta "**Select**"), presionando la **tecla "Mayúsculas"** durante la selección. Luego, se aplica la herramienta "**Merge**" ubicada en la pestaña "**Edit > Tools**". Al utilizar esta herramienta, se debe elegir qué atributos del polígono se conservarán en el nuevo polígono fusionado.

Para poner en práctica las herramientas de edición en ArcGIS Pro, se sugiere digitalizar los elementos visibles en la imagen georreferenciada en las capas de polígonos "**cobertura_vegetal**" y "**lago_laguna**", utilizando las herramientas de edición que se han visto en este apartado. No olvide guardar los cambios continuamente para evitar la pérdida de información.

8. Administración de tablas

Las tablas en ArcGIS Pro se utilizan para almacenar información descriptiva, y pueden estar vinculadas a una capa vectorial o existir de forma independiente. La información alfanumérica almacenada en una tabla puede ser de distintos tipos, como números enteros, números decimales, texto o fechas. Además, existen diversos formatos de tabla compatibles con ArcGIS Pro, como Geodatabases, bases de datos, INFO, dBASE, archivos de texto, Microsoft Excel, Access, SQL, entre otros.

Una tabla se estructura en filas y columnas. Cada fila se puede considerar como un objeto que contiene valores en diferentes campos. A su vez, cada columna se limita a un solo tipo de datos y se considera un campo. En una tabla, se pueden agregar tantos campos como sean necesarios para almacenar la información de interés.

8.1. Crear nuevos campos en las tablas

Cada shapefile incluye una tabla asociada en formato DBF (también es posible que las tablas de una capa vectorial estén en una Geodatabase). Para ver la tabla de un archivo vectorial en ArcGIS Pro, simplemente haz clic derecho sobre la capa (edificaciones) y selecciona "**Attribute Table**". Una vez abierta la tabla se puede crear un nuevo campo dirigiéndose en el menú de la tabla en el botón "**Add**" tal como se muestra en la Figura 44.

Figura 44. Tabla de atributos en ArcGIS Pro.

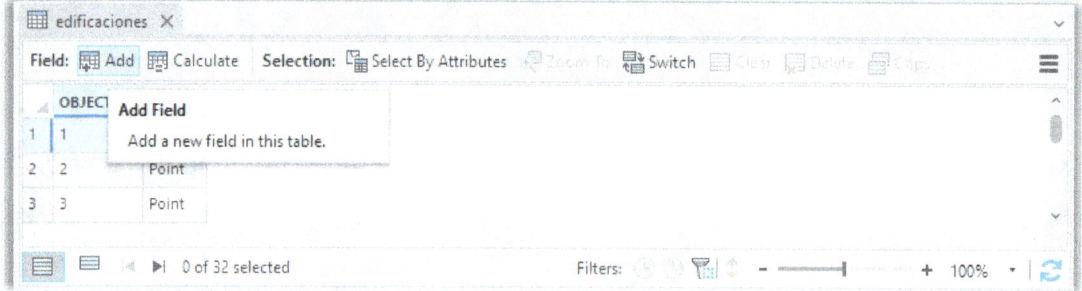

Después de hacer clic en "**Add**", aparece la pestaña "**Current Layer**" donde se puede configurar el nuevo campo (Figura 45). En la columna "**Field Name**" se asigna un nombre al nuevo campo, teniendo en cuenta que no se permiten tildes, espacios ni caracteres especiales, y que en shapefiles y tablas .dbf la longitud máxima es de diez caracteres. En la columna "**Data Type**" se especifica con doble clic el tipo de campo que se va a crear, que puede ser numérico (short integer, long integer, float o double), de texto o de fecha. En la columna "**Length**" se pueden especificar la precisión para los números o el espacio para los caracteres de texto. Para concluir la creación del nuevo campo, es necesario hacer clic en el botón **"Save"** que se encuentra en la pestaña "**Fields > Changes**". Es importante tener en cuenta que este botón solo está disponible cuando se agrega un nuevo campo y el panel "**Current Layer**" esta seleccionado. Una vez realizado este proceso, se puede cerrar el panel "Current Layer".

Figura 45. Añadir nuevos campos a una tabla.

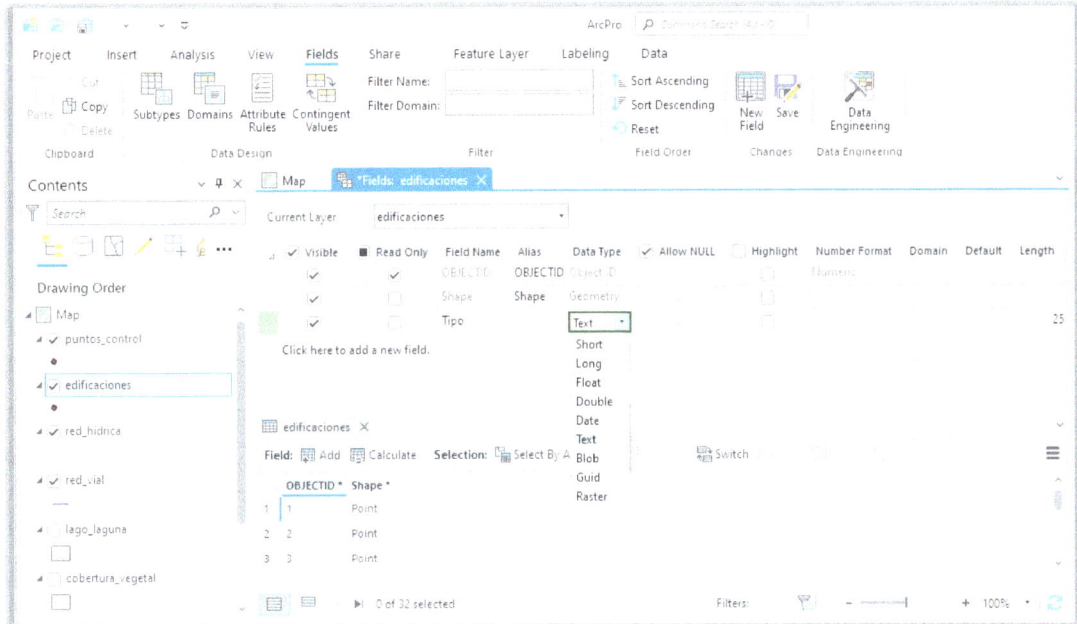

Para seleccionar el tipo de un nuevo campo, es importante tener en cuenta la información proporcionada por (Neer, 2005):

- **Short**, son números enteros entre -32768 y 32767.
- **Long**, son números enteros entre -2147483648 y 2147483647.
- **Float**, son números fraccionarios entre -3.4E38 y 1.2E38.
- **Double**, son números fraccionarios entre -2.2E308 y 1.8E308.
- **Text**, es una cadena de texto limitada a una longitud de 255 caracteres.
- **Date**, son datos almacenados en Coordenadas Universales de Tiempo (UTC, por sus siglas en inglés).

8.2. Ingresar información a los campos de las tablas

Para ingresar información dentro de los nuevos campos creados en una tabla de atributos, es necesario tenerla abierta ("**Attribute Table**"). Los valores o textos se pueden ingresar directamente a un registro dentro de un campo, haciendo doble clic en la celda. Si se desea ingresar la misma información o cálculo a una o varias filas, se puede hacer clic derecho sobre el campo requerido (p. ej. "Tipo") y seleccionar la herramienta" **Calculate**", lo que abrirá un nuevo cuadro de diálogo "**Calculate Field**".

En el cuadro de diálogo, se puede seleccionar la capa a editar en el campo "**Input Table**", mientras que en el campo "**Field Name**" se selecciona el campo a editar o se puede escribir

45

el nombre de un nuevo campo directamente. En el campo "**Expression Type**", por defecto, se encuentra activado "Python 3", pero en caso de ser necesario, se puede cambiar a "Arcade". En el campo "**Expression**", se encuentran todos los campos de la tabla actual.

Para ingresar información en un campo específico, como en el ejemplo del campo "Tipo", se debe escribir el valor deseado después del signo igual (p.ej. Tipo=). Si se trata de un valor numérico, se escribe directamente, pero si se trata de texto, se debe encerrar entre comillas (""). Por ejemplo, se puede seleccionar arbitrariamente una o varias filas de la capa "edificaciones" y llamarlas "Vivienda"; en este caso, el valor del campo "**Tipo**" sería "**Vivienda**", y se escribiría Tipo = "**Vivienda**". Este proceso se puede repetir para ingresar otros valores, como "Iglesia", "Hospital" "Policía" o "Escuela". Para mayor comprensión, ver la Figura 46.

Figura 46. Ingreso de información en la tabla de atributos con la herramienta "Calculate".

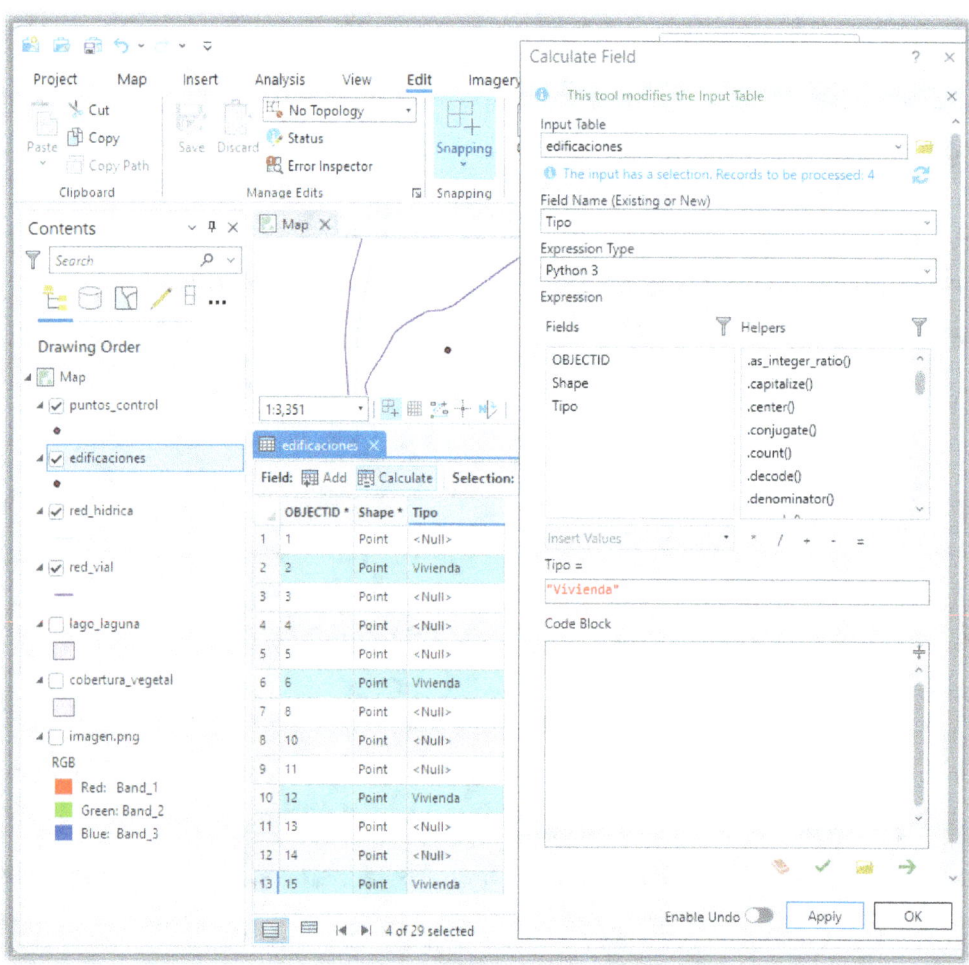

Como ejercicio, agrega nuevos campos a todos los shapefiles previamente creados y configura los nombres de los campos, tipos y propiedades de acuerdo con lo indicado en la Tabla 2.

Tabla 2. Estructura para la creación de campos en las tablas

Shapefile	Nombre	Tipo	Propiedades
edificaciones	Tipo	Text	Length: 25
puntos_control	Nombre	Text	Length: 25
red_vial	Tipo	Text	Length: 25
	Longitud	Double	Precision: 0, Scale: 0
red_hidrica	Nombre	Text	Length: 25
	Longitud	Double	Precision: 0, Scale: 0
cobertura_vegetal	Tipo	Text	Length: 25
	Area	Double	Precision: 0, Scale: 0
	Porcentaje	Double	Precision: 0, Scale: 0
lago_laguna	Nombre	Text	Length: 25
	Area	Double	Precision: 0, Scale: 0
	Perimetro	Double	Precision: 0, Scale: 0

Inserta en los campos nuevos de las tablas la siguiente información:

- **puntos_control,** en el campo "**Nombre",** acorde a la imagen georreferenciada colocar como texto "P1", y "P2" según corresponda.
- **red_vial,** dentro del campo "**Tipo"** se deben nombrar las entidades correspondientes de la siguiente manera: "Vía principal" para los segmentos que se extienden a lo largo de la coordenada X: 691790 Y: 9532578, "Vía Lastrada" para el segmento que se extiende en la coordenada X: 691394 Y: 9532401, "Sendero" para los segmentos alrededor de las coordenadas X: 691570 Y: 9532693 y X: 691261 Y: 9532773, "Ruta" para los segmentos alrededor de las coordenadas X: 691991 Y: 9532450 y X: 692028 Y: 9532861, y "Calle" para todos los segmentos restantes ubicados en la zona urbana.
- **red_hidrica,** en el campo "**Nombre"** llamar "Río Malacatos" al río principal.
- **cobertura_vegetal,** en base a la imagen georreferenciada nombrar los polígonos en el campo "**Tipo"** como "Pastizal", "Cultivos" y "Bosque" según corresponda.
- **lago_laguna,** en el campo "**Nombre"** llamar como "Laguna Santa Anilla".

Una vez que todas las capas han sido digitalizadas, es se puede desactivar o eliminar la capa ráster de la imagen georreferenciada ("Imagen.png") del panel "**Contents**".

8.3. Cálculo de área, perímetro y longitud

Para calcular el área, perímetro o longitud de diferentes entidades en un mapa, es importante considerar la geometría de cada capa. **Primero, es necesario asegurarse de que la capa tenga definido un sistema de referencia (coordenadas); sin esto no se**

puede realizar los cálculos. Además, es importante tener en cuenta, cuando se trabaja con shapefiles o se realizan cambios en la geometría, los campos de área, perímetro o longitud no se actualizan automáticamente. Por lo tanto, es necesario volver a calcular los valores después de cada cambio.

Para empezar, se debe hacer clic derecho en la capa correspondiente y abrir la tabla de atributos ("Attribute **Table").** Luego, se debe hacer clic derecho en el encabezado del campo deseado ("**Area**") y seleccionar la herramienta "**Calculate Geometry**". Después, se debe elegir la propiedad geométrica deseada en "**Geometry Attributes**" (en este caso, "Area"), las unidades adecuadas (p.ej. hectáreas) y el sistema de coordenadas correspondiente (Figura 47).

Se debe repetir el proceso para calcular todas las áreas en hectáreas para cada capa de polígonos ("lago_laguna**"** y "cobertura_vegetal").

Figura 47. Cálculo de geometrías en ArcGIS Pro.

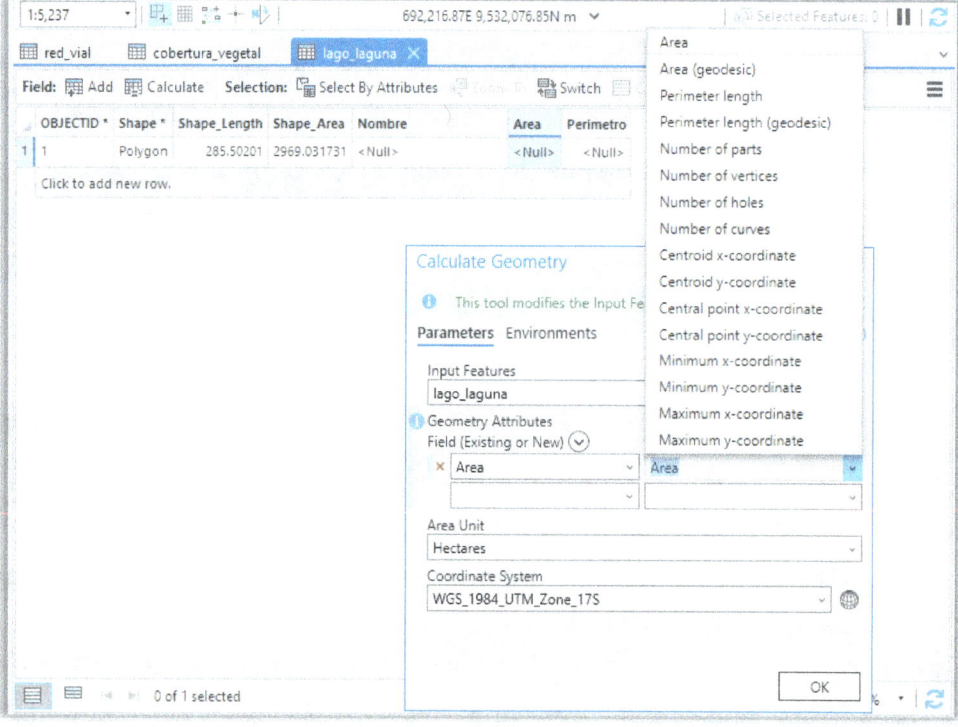

El mismo proceso descrito en el párrafo anterior se aplica para calcular el perímetro (medido en metros) de una capa, por ejemplo, en "lago_laguna" solo es necesario cambiar la propiedad en la sección "Geometry Attributes" de "Area" a "Perimeter". En el caso de capas de polilíneas (como "red_vial" y "red_hidrica"), solo se puede calcular la longitud (también medida en metros, pies, kilómetros, etc.). En el caso de capas de puntos, solo se pueden calcular las coordenadas XY. En resumen, la herramienta "Calculate Geometry" permite calcular la geometría de cada capa según su naturaleza.

8.4. Cálculo de coordenadas XY

La herramienta **"Calculate Geometry Attributes"** es útil para agregar información a campos de atributos de una entidad que representan las características espaciales o geométricas y la ubicación de cada entidad, como la longitud, el área y las coordenadas X, Y, Z y los valores M. Sin embargo, es importante tener precaución, ya que esta herramienta modifica los datos de entrada. Los cálculos de longitud y área se expresarán en las unidades propias del sistema de coordenadas de las entidades de entrada, a menos que se seleccionen otras unidades en los parámetros de unidad de longitud y unidad de área. Por ejemplo, si se utiliza una capa de puntos, se pueden calcular las coordenadas en formato metros UTM o en coordenadas geográficas.

Para calcular los valores de las coordenadas XY (y la altura, si la capa posee información Z), se puede utilizar la herramienta **"Calculate Geometry Attributes"** o "**Add XY Coordinates**". Ambas se pueden acceder a través de la caja de herramientas de geoprocesos **"Toolboxes"**, ubicada en la pestaña **"Analysis > Geoprocessing > Tools".** En la Figura 48 se muestra el panel **"Geoprocessing"** ubicado en la parte izquierda, el cual se utiliza para acceder a la herramienta **"Calculate Geometry Attributes"**, la misma que se encuentra en la siguiente ruta:

Geoprocessing > Toolboxes > Data Management Tools > Features > Calculate Geometry Attributes

En la configuración de la herramienta (Figura 48 derecha), se debe seguir los siguientes pasos:

- **Input Features:** se debe seleccionar la capa deseada (edificaciones).
- **Geometry Attributes**: se pueden crear nuevos campos o utilizar los existentes para calcular las geometrías. En este caso, se crearon primero los campos "**Point_X**" y "**Point_Y**" para calcular las coordenadas UTM y luego los campos en "**Latitud**" y "**Longitud**" para calcular las coordenadas geográficas.
- **Coordinate System**: se debe seleccionar el formato de las coordenadas. Si se requiere calcular en varios formatos, es necesario volver a abrir la herramienta y realizar el cálculo para cada formato deseado por separado (Figura 48 debajo).

Figura 48. Agregar coordenadas XY a una capa de puntos.

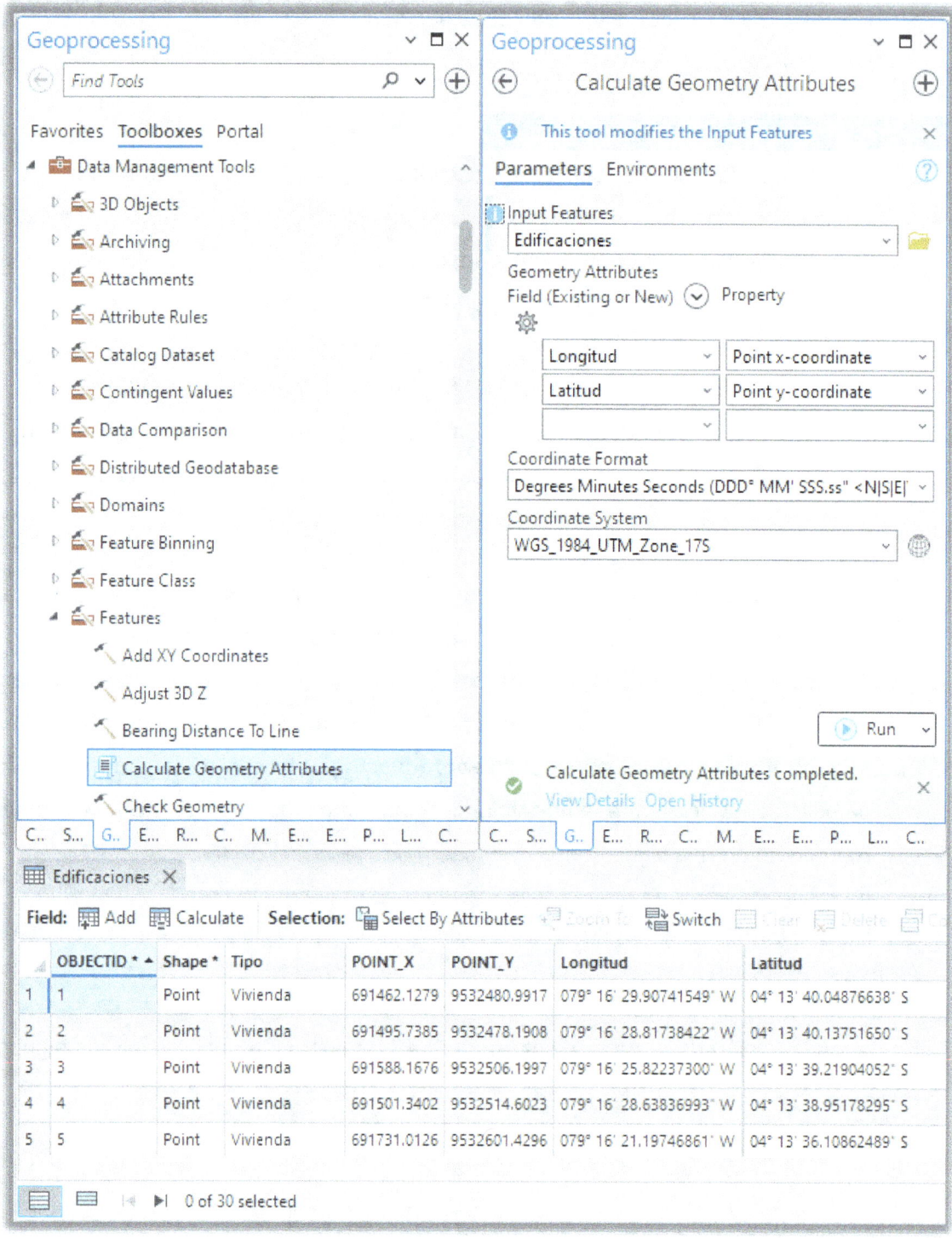

8.5. Operaciones

La calculadora de campos o "**Calculate Field**", permite realizar cálculos simples y complejos, tanto para cadenas de texto como para operaciones matemáticas. Es importante tener en cuenta que las operaciones que se realicen afectarán a todas las filas de la capa o solo a la fila seleccionada.

Para calcular el porcentaje que cada polígono de una capa (p.ej. "**cobertura_vegetal**") con respecto a la superficie total, es necesario conocer primero el valor de la superficie total. Para ello, se debe abrir la tabla de atributos y hacer clic derecho en la cabecera del campo correspondiente (**"Area"**). Después, se selecciona la opción "**Statistics**" y en el panel "**Chart Properties**" se debe buscar la línea "**Sum",** donde aparecerá el **valor total del área** de todos los polígonos de la capa. Desde ahí se puede anotar o copiar el valor ("**Crtl + C**").

Para calcular el porcentaje de cada polígono, se debe hacer clic derecho en la cabecera del campo creado ("**Porcentaje**") y seleccionar la herramienta "**Calculate Field**". Finalmente, se debe insertar la siguiente expresión: **!Area! * 100 / valor del área total**. Es importante destacar que "**!Area!"** en la ecuación corresponde al nombre del campo, el cual se puede seleccionar directamente con un doble clic en la sección "**Fields**" (Figura 49).

Figura 49. Operaciones con "Calculate Field" en ArcGIS Pro.

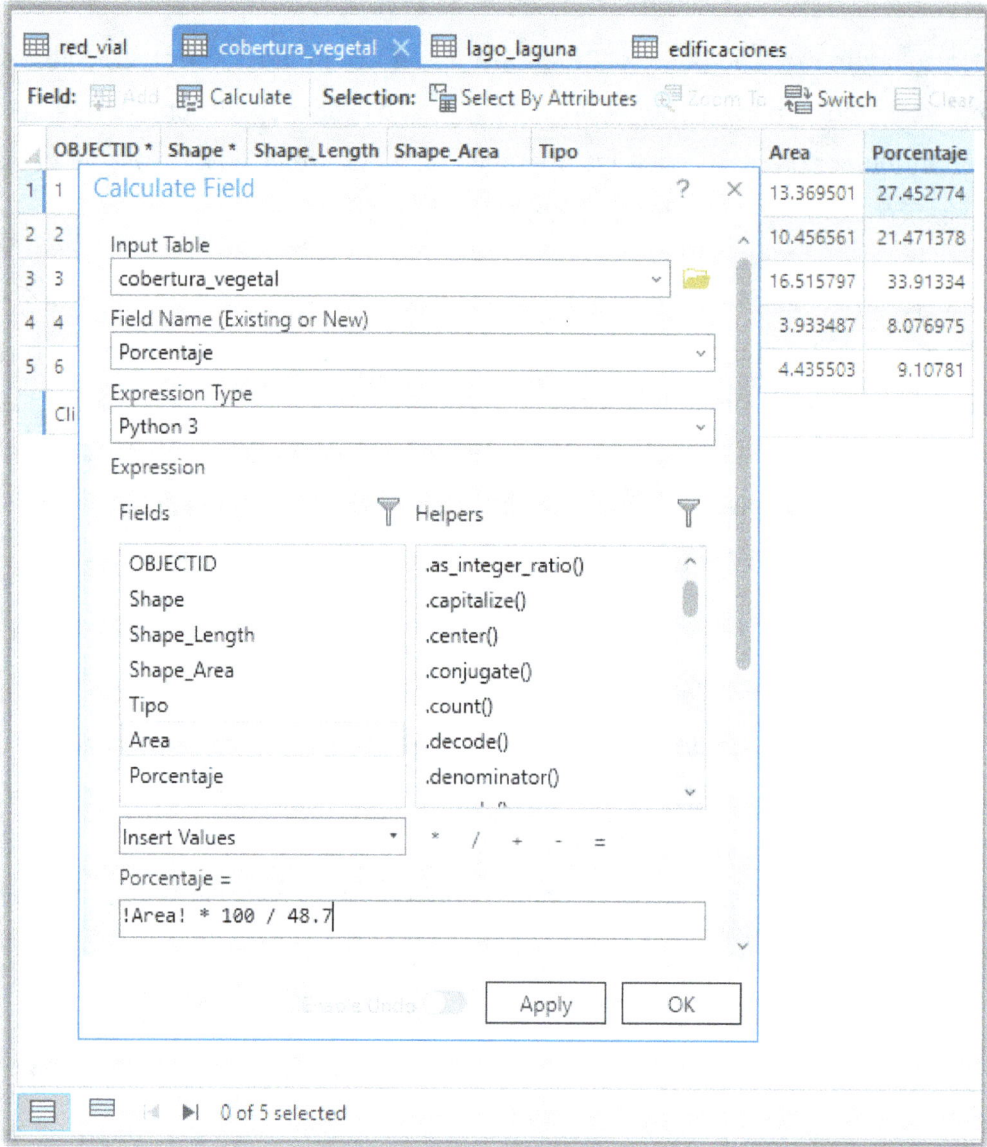

Las ecuaciones pueden contener diferentes operaciones matemáticas (suma, resta, división y multiplicación), incluso paréntesis. Además, se pueden desarrollar los cálculos mediante los lenguajes Arcade o Python 3. Si se necesita acceder a las funciones de geoprocesamiento, incluyendo el cálculo de geometría de entidades, se recomienda utilizar Python 3. Este lenguaje proporciona mayores oportunidades para realizar cálculos mediante la secuencia de comandos. Más información sobre la calculadora de campos y una amplia lista de comandos con ejemplos se encuentra en "Calculate Field Python examples" dentro de la página de ayuda de ArcGIS Pro.

9. Diseño y publicación

La elaboración de mapas puede ser un proceso laborioso, que requiere de perseverancia y dedicación para obtener un resultado satisfactorio. Aunque analizar e interpretar información espacial en una computadora es una tarea importante, imprimir o publicar un mapa que pueda ser comprendido por otros es un proceso diferente, que requiere de habilidades específicas.

ArcGIS Pro facilita a los usuarios una serie de herramientas para el diseño de mapas que permiten personalizar y ajustar diversos aspectos del mapa antes de su publicación. Es fundamental tener en cuenta que, por lo general, los mapas más simples son los más fáciles de entender. Por lo tanto, se debe eliminar información innecesaria, seleccionar colores apropiados y utilizar un tamaño de letra adecuado, aparte de priorizar la información según su relevancia. En este sentido, el diseño de mapas no se trata solamente de crear una imagen visualmente atractiva, sino de lograr que transmita el propósito para el cual fue diseñado de manera clara y efectiva.

En general, un mapa es una representación parcial del territorio y el cartógrafo es quien decide qué elementos quiere incluir. Esta elección se basa en su conocimiento, sensibilidad e intenciones (Rekacewicz, 2006). Por lo tanto, es fundamental que el cartógrafo tenga una comprensión clara del objetivo del mapa para poder tomar las decisiones adecuadas sobre qué información incluida, y cómo representarla.

En conclusión, la elaboración de mapas es una tarea que requiere habilidad, dedicación y un conocimiento profundo del territorio que se desea representar. A través del uso de herramientas especializadas como ArcGIS Pro, los cartógrafos pueden personalizar y ajustar diversos aspectos del mapa para crear una representación clara y efectiva del territorio, que transmita el propósito para el cual fue diseñado.

9.1. Simbología de puntos, líneas y polígonos

La simbología es fundamental para definir la apariencia visual de cada elemento en el mapa, lo que incluye símbolos, colores, tramas y texto. También es importante considerar si se desea mostrar información desde la tabla de atributos de cada capa.

Para personalizar la simbología de las capas creadas en la sección 7.1, se debe hacer clic derecho en la capa correspondiente (p.ej. **"edificaciones"**), y seleccionar **"Symbology"**, que abre el panel correspondiente que lleva el mismo nombre. A la hora de representar la información geográfica, es necesario tener en cuenta los algunos de los aspectos que se pueden configurar en "**Primary Symbology**":

- **Single symbol:** Dibuja todas las características de una capa con un símbolo común.
- **Unique values:** Aplica un símbolo diferente a cada categoría de características dentro de la capa según uno o más campos.
- **Graduated colors:** Muestra la cantidad de un atributo numérico mediante una gama de colores.
- **Bivariante colors:** Muestra la relación entre dos atributos numéricos mediante una combinación de dos esquemas de colores.
- **Graduated symbols:** Muestra la cantidad de un atributo numérico mediante el tamaño del símbolo.
- **Proportional symbols:** Muestra la cantidad relativa de un atributo numérico mediante el tamaño del símbolo.
- **Charts**: Muestra los valores de un campo en forma de gráficos, como diagramas de barras, pastel y líneas.
- **Heat map:** Muestra la densidad de puntos con colores más oscuros, lo que indica una mayor densidad.

Una de las opciones más utilizadas para mostrar las distintas categorías de un campo específico en una capa es la selección de valores únicos. Por ejemplo, en la capa "**edificaciones**", se puede seleccionar "**Unique values**", luego en "**Field 1**" se selecciona el campo "**Tipo**", y en la sección "**Classes**" se hace clic en el botón "**Add all values**", lo que agregará todas las categorías existentes en ese campo (Figura 50). En algunos casos, aparecerá una categoría llamada" **<all other values>**", que se puede eliminar seleccionándola y haciendo clic derecho y luego seleccionar "**Remove**". Este mismo procedimiento se puede aplicar a las capas "**red_vial**" y "**cobertura_vegetal**" para agregar todas sus categorías en base a la información que contiene la tabla de atributos.

Figura 50. Configuración de valores únicos para mostrar las categorías de una determinada capa.

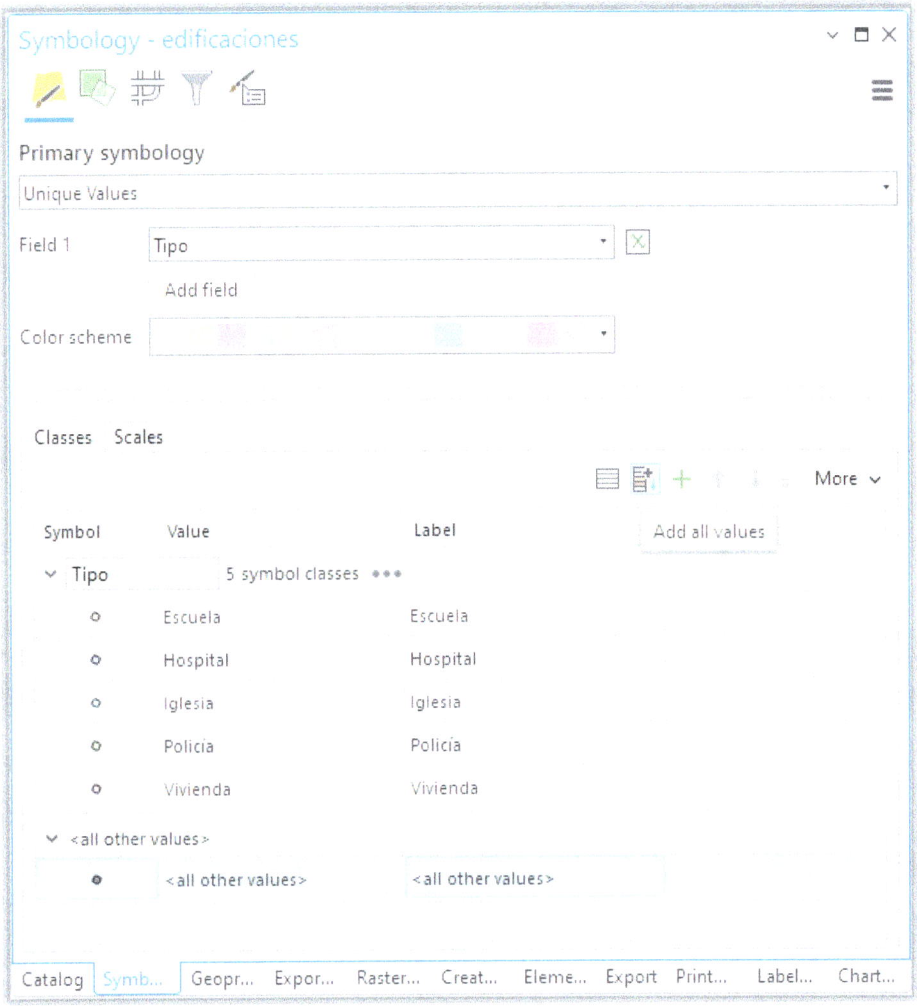

Es importante organizar adecuadamente las capas dentro del panel **"Contents"**, lo cual se puede lograr activando el botón **"List By Drawing Order"**. De esta manera, es posible arrastrar y soltar las capas en el orden deseado. En este caso se recomienda colocar en la parte inferior los polígonos, seguidos de las líneas y, finalmente, sobre todas las capas, los puntos.

Por defecto, las capas se presentan sin formato ni categorización, y tienen el mismo nombre que el archivo, tal como se muestra en la Figura 51 (izquierda). Para asignar nombres y categorías a las capas, se puede utilizar la información de la tabla de atributos (sección central de la Figura 51), usando **"Unique Values"** en el panel de **"Symbology"**. También es posible editar los nombres de las capas o categorías individualmente haciendo clic sobre ellas (Figura 51 derecha). Es importante revisar la ortografía y gramática de los nombres de las capas y categorías para asegurarse de que estén correctamente escritos.

Figura 51. En la sección izquierda se encuentran las capas sin formato y sin categorizar, en la sección central se encuentran las capas ya categorizadas, mientras que en la sección derecha se han corregido la ortografía y gramática de los nombres de las capas, tal como se verán en la publicación final.

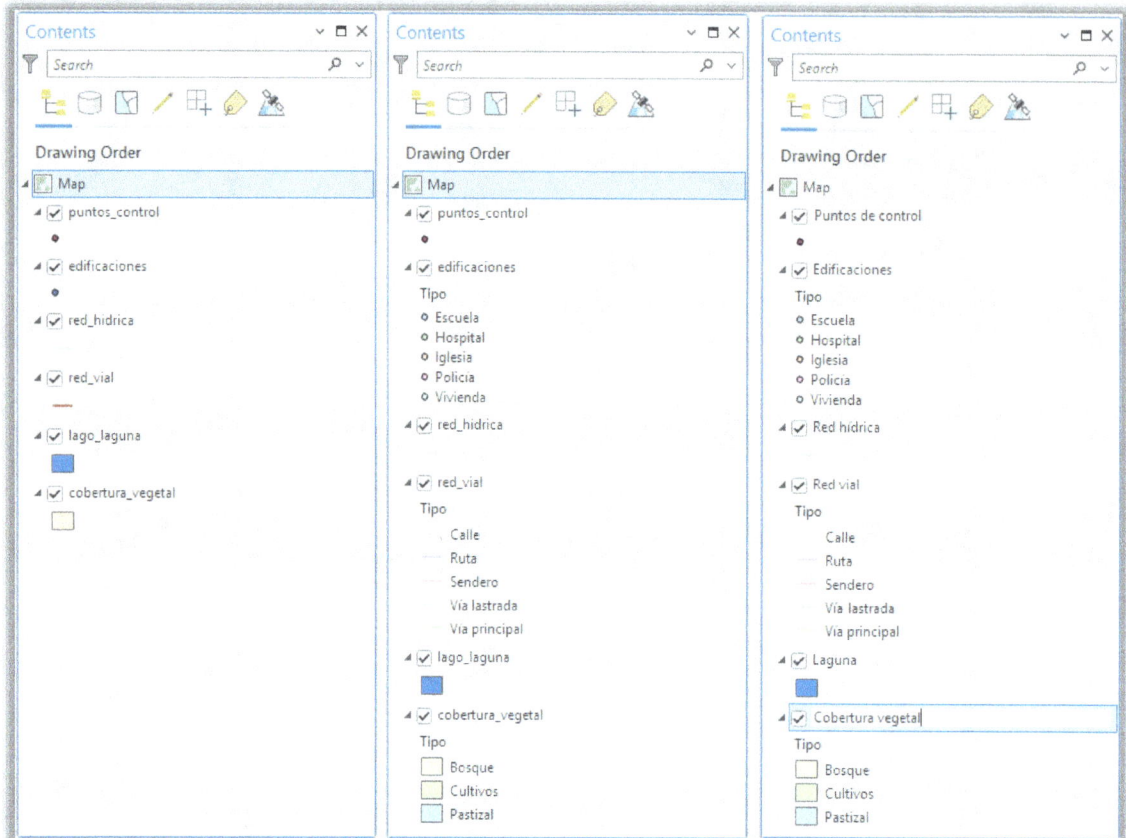

Al cargar una capa por primera vez en ArcGIS Pro, se le asigna un símbolo estándar, el cual no siempre es adecuado para representar la información de manera efectiva ("**Single Symbol**"). Por lo tanto, para lograr una representación más precisa y clara de la información, se deben emplear símbolos adecuados que reflejen la naturaleza de los datos. ArcGIS Pro ofrece una amplia biblioteca de símbolos que se pueden utilizar para diferentes propósitos. Es importante seleccionar el símbolo que mejor se adapte a los datos que se quieren representar. Cada símbolo se puede editar individualmente. Por ejemplo, para personalizar el símbolo de una capa de puntos, como el símbolo de "**Escuela**" de la capa edificaciones, se deben seguir los siguientes pasos:

- Hacer doble clic sobre el símbolo correspondiente en el panel **"Contents"**.

- Se abrirá el panel **"Symbology"** y la pestaña "**Gallery**" Ahí se puede seleccionar un símbolo adecuado de la lista o buscar un símbolo específico escribiendo el nombre de la categoría deseada, por ejemplo "**School**".

- Seleccionar el símbolo que mejor se ajuste a las necesidades de proyecto, por ejemplo, "School" de la categoría **"Primitives"** (Figura 52, izquierda).

- Si desea personalizar el color, dirígete a la pestaña **"Properties"** y en la sección **"Appearance"**, donde se puede elegir el color en la lista desplegable del botón **"Color".** Si no existe el color deseado se lo puede generar en **"Color" "Properties"** mediante a la ventana **"Color Editor"**, donde se puede personalizar los valores **"RGB"** (Figura 52, derecha).

- Para ajustar el ancho de línea en el caso de las capas de líneas, utiliza la opción **"Line width"**. Para el color y ancho de la línea de contorno en capas de polígonos, utiliza las opciones **"Outline Color"** y **"Outline width"**, respectivamente.

- Para ajustar el tamaño del símbolo se debe dirigir a la sección **"Size"** de la pestaña **"Properties",** donde se puede aumentar o reducir el tamaño para las capas de puntos.

- Una vez hecho todos los cambios, se guarda las modificaciones haciendo clic en el botón **"Apply"**.

Figura 52. Selección y personalización de símbolos en ArcGIS Pro.

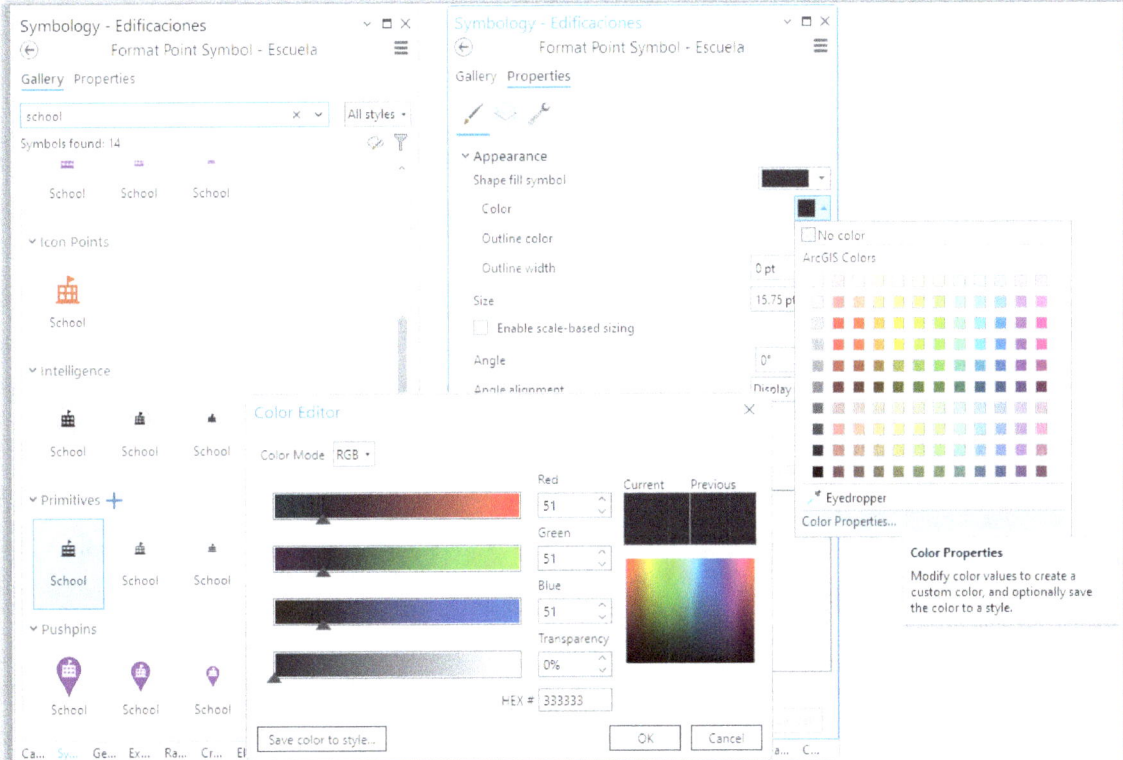

Para las capas restantes de este manual, sigue el proceso descrito en el párrafo anterior y asigna la simbología de acuerdo con la Tabla 3.

Tabla 3. Definición de propiedades de los símbolos

Shapefile	Categoría	Símbolo	Color RGB	Tamaño de símbolo o ancho de línea
edificaciones	Escuela	School	51,51,51	15
	Hospital	Hospital	255,85,0	15
	Iglesia	Place of Worship	131,153,168	16
	Vivienda	House	232,157,0	14
	Policía	Police Station	0,122,194	15
puntos_control	Puntos	X Marker	0,0,0	10
red_vial	Calle	Road, Proposed	255,55,55	1
	Ruta	Wave	68,101,137	0.5
	Sendero	Dashed 4:4	0,0,0	0.40
	Vía lastrada	Road, Narrow	0,0,0	1.5
	Vía principal	Highway	168,0,0	2
red_hidrica	Red hídrica	River	10,147,252	1
cobertura_vegetal	Bosques	Orchard or Nursery	-	0
	Cultivos	Cropland	227,158,0	0
	Pastizal	Open Pasture	227,158,0	0
lago_laguna	Laguna	Water (área)	76,178,255	0

9.2. Etiquetas

Las etiquetas en ArcGIS Pro son textos que se muestran en el mapa y están asociados a elementos de la capa.

Es importante destacar que las etiquetas son una herramienta útil para visualizar información importante en los mapas, como nombres de lugares, valores de atributos, entre otros. Es recomendable configurar cuidadosamente las etiquetas para asegurarse de que sean legibles y no obstaculicen la visualización del mapa. Esto es especialmente relevante para capas con muchos elementos o etiquetas largas, donde es necesario utilizar técnicas de ajuste de posición o eliminación selectiva de etiquetas para mejorar la presentación del mapa.

Por ejemplo, para la capa de "**edificaciones**", se podrían mostrar los nombres de los edificios, su uso, su altura, etc. Para la capa de "**red_vial**", se podrían mostrar los nombres de las calles, su tipo, su ancho, etc. Para la capa de "**red_hídrica**", se podrían mostrar los nombres de los ríos, su caudal, etc. Para la capa de "**cobertura_vegetal**", se podrían mostrar los nombres del uso del suelo, el tipo de vegetación, etc.

9.2.1. Etiquetas simples

Para agregar etiquetas simples a las capas en ArcGIS Pro, primero se debe seleccionar la capa deseada en el panel **"Contents"**, hacer clic sobre ella y seleccionar "**Labeling**" en la parte de arriba de la ventana principal de ArcGIS Pro. Luego, en la pestaña "**Labeling**" se puede configurar la apariencia y el contenido de las etiquetas. Primero, se debe asegurar que la opción "**Label**" esté activada en el grupo "**Layer**". En el grupo "**Label Class**" en la opción "**Field**" se selecciona el campo de la tabla de atributos que desea mostrar en las etiquetas. En el grupo "**Text Symbol**" se puede ajustar el tamaño y estilo de la etiqueta. Además, en el grupo "**Label Placement**" se puede definir la posición de la etiqueta en relación con el elemento, utilizando opciones como "**Basic Polygon**" o "**Boundary**". La Figura 53 indica el ejemplo para la capa "**Laguna**".

Figura 53. Configuración de etiquetas en ArcGIS Pro.

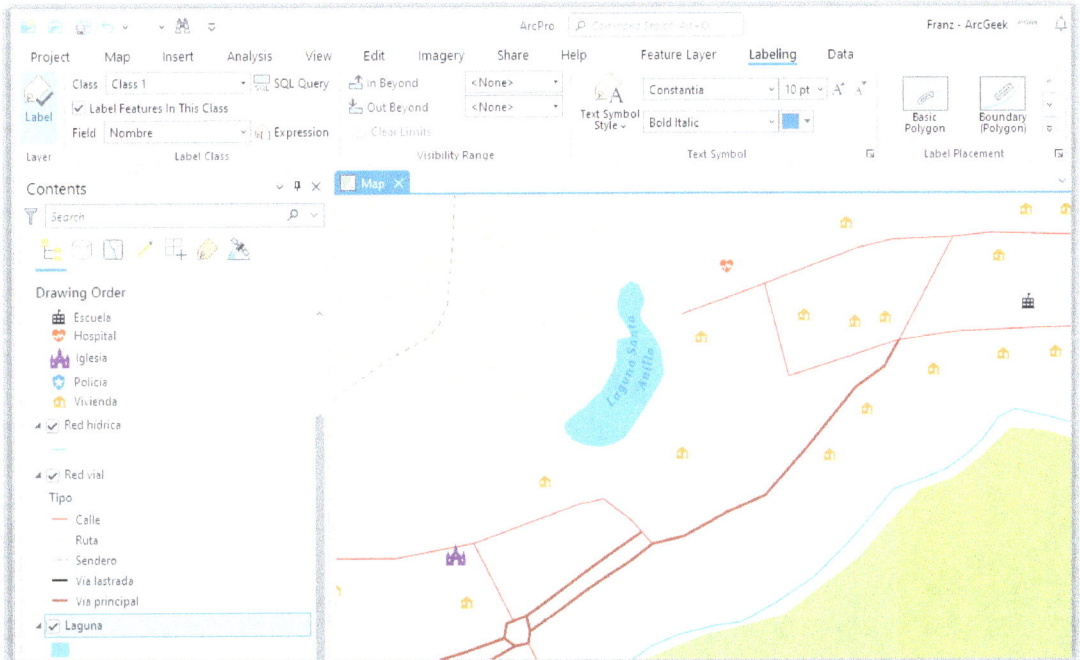

9.2.2. Etiquetas combinadas

En ocasiones se requiere utilizar información de dos o más campos para etiquetar las capas. En estos casos, se pueden configurar varias clases en "**Label Class**" para mostrar la información de diferentes campos o utilizar una expresión. Por ejemplo, en la capa de "**cobertura_vegetal**", se desea mostrar el área y la unidad. Primero, se debe seleccionar la capa y activar "**Label**". Luego, en el grupo "**Label Class**" en la opción "**Field**" se elegir el campo que contiene los valores de superficie (en este caso **"Area")**. Si la unidad aparece

59

con muchos decimales, se puede ajustar esto haciendo clic en **"Expression"** y utilizando la siguiente expresión en el panel **"Label Class"** que permite añadir al mismo tiempo la unidad:

round(number($feature.**Area**), **2**) + **" ha"**

Es importante destacar que se puede reemplazar **"Area"** por el nombre de cualquier otro campo, escribiéndolo exactamente como está escrito en la tabla de atributos. Además, el número **"2"** en la expresión puede ser reemplazado por la cantidad de decimales que se desee y, después del signo **"+"** se debe colocar entre comillas **" "** el texto o unidad que se desea mostrar. En el grupo **"Text Symbol"** se configura el formato del texto. Es importante mencionar que esta expresión utiliza el lenguaje Arcade (Figura 54).

Figura 54. Configuración de una expresión para personalizar una etiqueta.

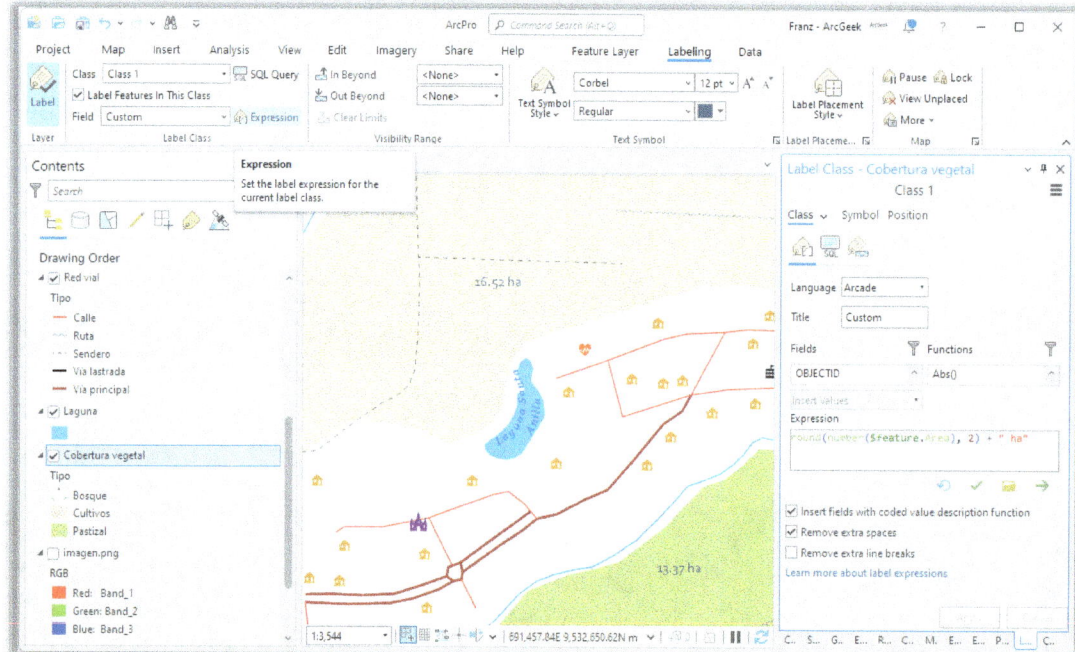

9.2.3. Etiquetas de una categoría específica

A veces es necesario agregar etiquetas solo para una categoría específica, p.ej. para las curvas de nivel. Para esto, se facilita la capa **"curvas_nivel"**, que se encuentra en la carpeta **"09_2_etiquetas"**. Para agregar este shapefile se debe dirigirse a la pestaña **"Map",** hacer clic en el botón **"Add Data > Data"** y seleccionar el archivo. Es recomendable ubicar esta capa debajo de las capas de líneas actuales.

Utilizando las técnicas cartográficas aprendidas anteriormente, se deben mostrar las categorías de las curvas de nivel, basadas en el campo "**Tipo**". Respecto a la simbología, se sugiere aplicar para las curvas "**Primarias**" (Contour, Topographix, Index; grosor 1; RGB:78,78,78) y para las curvas "**Secundarias**" (Contour, Topographix, Indermediate; grosor 0.4; RGB:178,178,178).

Si se activan las etiquetas utilizando el campo "**Contour**", se mostrarán todas las etiquetas de todas las curvas de nivel, pero en este caso solo se requieren las etiquetas de las curvas "**Primarias**". Para esto, se hace clic derecho sobre la capa de curvas de nivel y se selecciona "**Labeling Properties**". En el panel "**Label Class**", en la pestaña "**Class**", se hace clic en el botón "**SQL > New expresión**", se selecciona el campo "**Tipo**" en **"Where"**, y en **"is equal to"** se selecciona **"Primarias"**. Luego se hace clic en **"Apply"** y solo se mostrarán las etiquetas de las curvas "**Primarias**". La Figura 55 muestra este proceso.

Figura 55. Configurar una expresión SQL en el panel "Label Class".

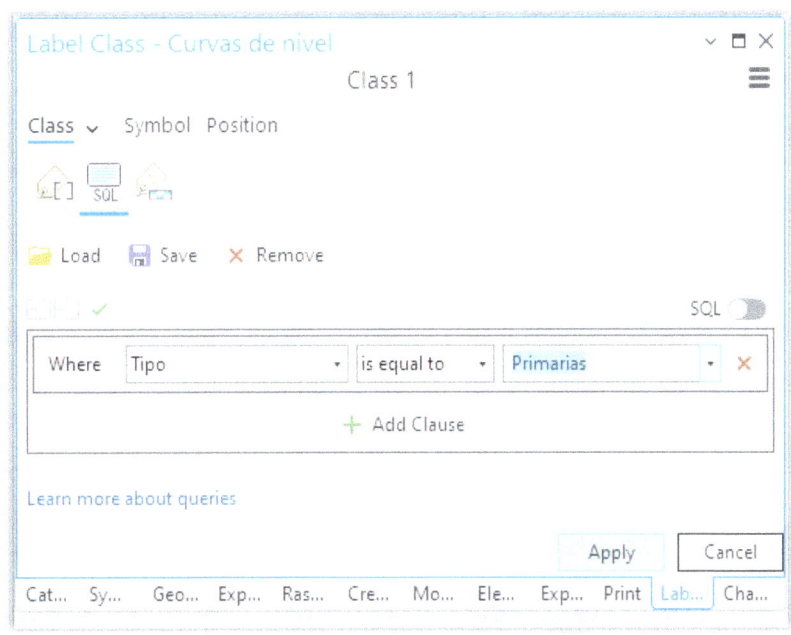

Para mejorar la apariencia de las etiquetas en las curvas de nivel, se recomienda ir a la pestaña **"Labelling"** y hacer clic en la flecha del grupo **"Label Placement",** seleccionado **"Contours"** en la opción **"Field"**. En el panel **"Label Class"**, se dirige a la pestaña **"Symbol"** en donde se selecciona en **"Halo"** un color blanco y un tamaño de halo de 1. De esta manera, se pueden obtener resultados similares a los que se muestran en la Figura 56.

Figura 56. Configurar etiquetas para contornos y asignar un "Halo".

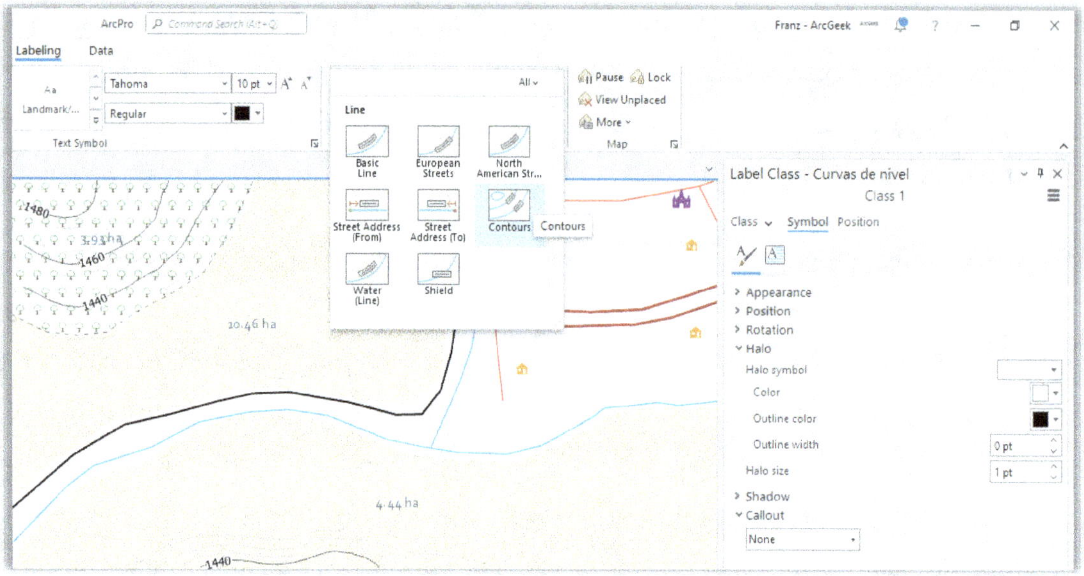

9.3. Dar un efecto 3D al mapa (opcional)

Aunque más adelante se trabajará con Modelos Digitales de Elevación (MDE o DEM), se puede mejorar la apariencia topográfica del mapa vectorial, agregando un mapa de sombras y combinándolo para lograr un efecto en 3D. Para hacer esto, primero se debe añadir el archivo **"DEM3D.tif"** que se encuentra en la carpeta **"09_3_efecto3D"** (ir a la pestaña **"Map > Add Data > Data)** En este proceso no es necesario tener activada esta capa ráster ("**DEM3D.tif"**). Una vez cargado el modelo de elevación, se debe crear un mapa de sombras utilizando la herramienta **"Hillshade"** localizada en la siguiente ruta:

Pestaña Analysis > Geoprocessing > Tools > Toolboxes > Spatial Analyst Tools > Surface > Hillshade

Una vez abierta la herramienta **"Hillshade"**, se debe seleccionar el archivo (**"DEM3D.tif"** de la carpeta **"09_3_efecto3D")** como capa en **"Input raster"** y luego hacer clic en **"Run"** (Figura 57).

Figura 57. Crear un mapa de sombras (Hillshade).

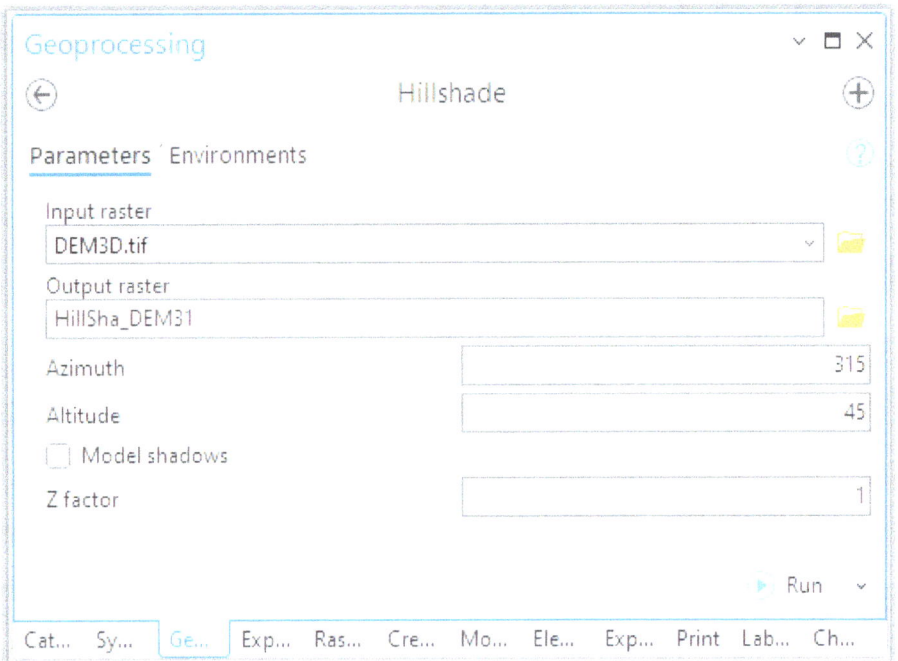

La capa resultante **"HillSha_DEM31"** se debe colocar encima de todas las capas en el panel **"Contents"** y seleccionarla. Luego, en la pestaña **"Raster Layer"** (arriba en la ventana principal), en el grupo **"Effects"**, se debe asignar un valor de transparencia en el grupo "**Effects**" en la opción **"Transparency"**. Se recomienda un valor cercano al 75%. Finalmente, se selecciona **"Multiply"** en la opción **"Layer Blend"**, para obtener un resultado parecido a este que se muestra en la Figura 58.

Figura 58. Añadir un efecto 3D a un mapa.

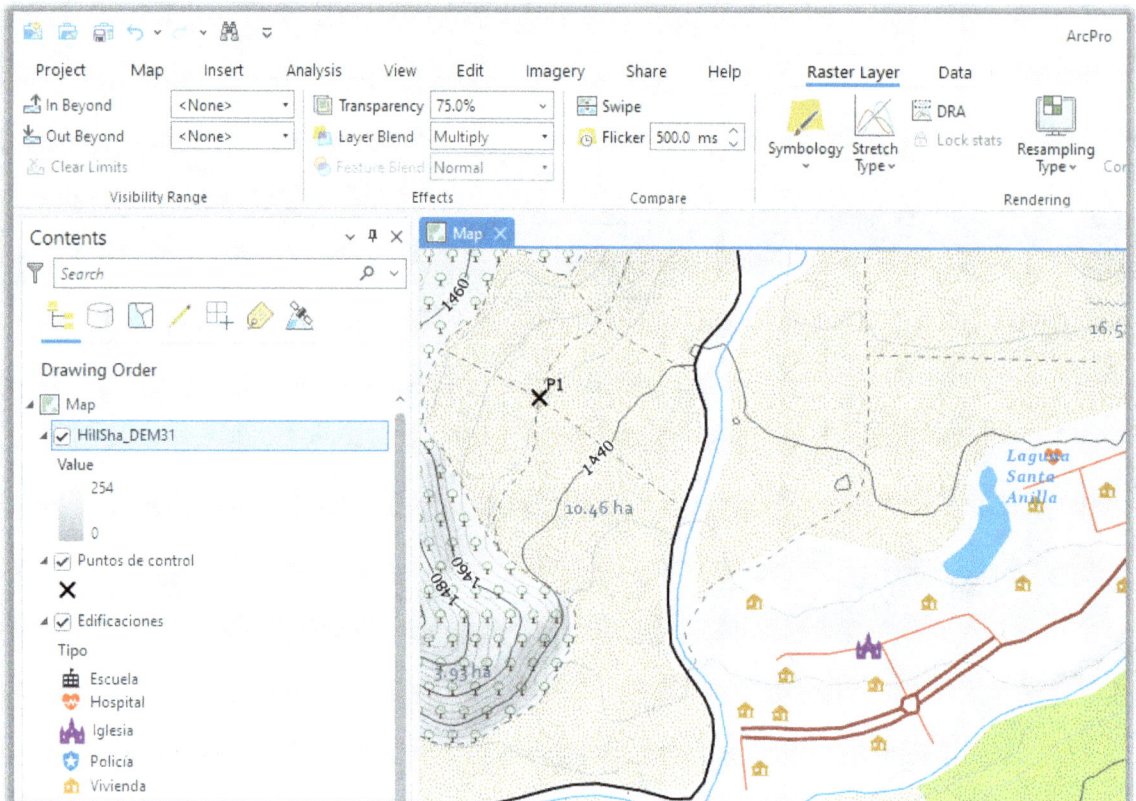

9.4. Estructura general de un mapa

En un mapa no es posible representar exactamente el mundo real, por lo que el cartógrafo es libre de interpretar el mundo a su manera (Rekacewicz, 2006). Sin embargo, al presentar la información espacial, se debe mantener la objetividad y evitar cualquier tipo de manipulación o sesgo.

La distribución de los elementos en un mapa es determinada por las necesidades del autor, pero lo más importante es que el público al que está dirigido pueda entenderlo. En la Figura 59 se sugiere una disposición para los elementos del mapa, aunque no todos son obligatorios, es esencial que incluya título, cuadrícula, norte geográfico, escala y leyenda.

Figura 59. Elementos para diseñar un mapa.

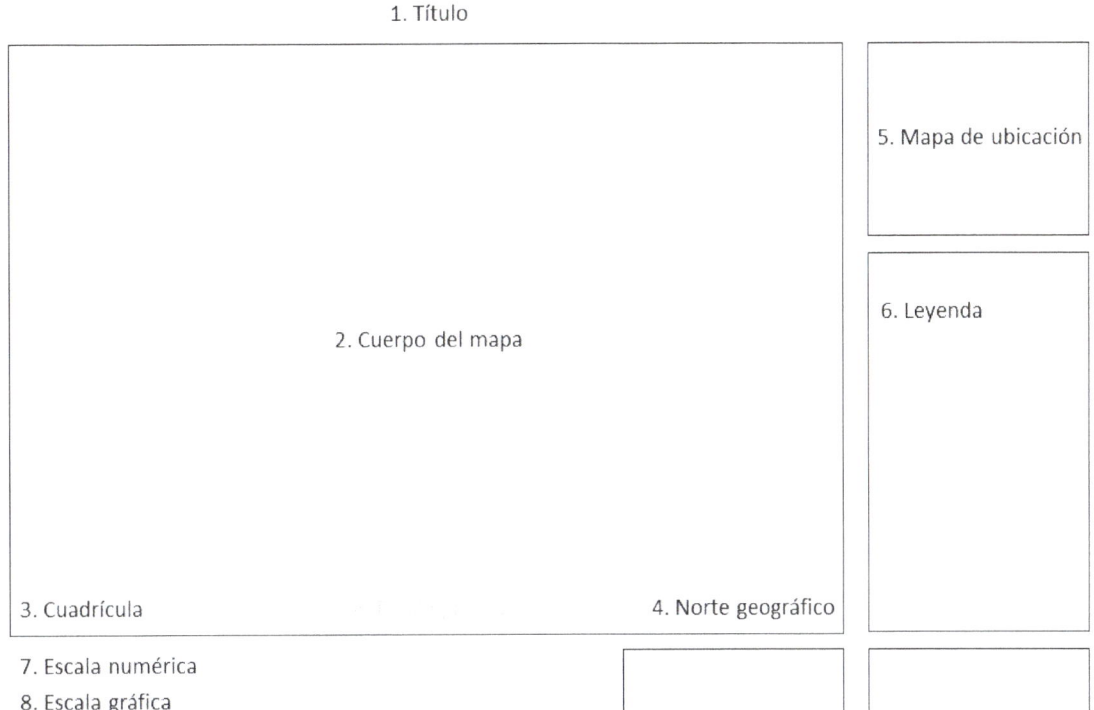

9.5. Diseño de un "Layout"

Una vez aplicadas todas las técnicas cartográficas a las diferentes capas en las que se trabajó, es necesario preparar el mapa para su publicación a través de un **"Layout"**. Para crear uno nuevo **"Layout",** se dirige a la pestaña **"Insert"** y hacer clic en el botón **"New Layout"**. Aquí, se puede seleccionar la orientación del mapa (horizontal o vertical) y el tamaño del papel. En este ejemplo, se utiliza el tamaño "**A4 - Landscape"** (Figura 60). Es posible ingresar tantos **"Layouts"** como sean necesarios, los cuales se mostrarán en diferentes pestañas, al igual que los mapas disponibles. Cabe destacar que, si se trabaja dentro de un **"Layout"**, las herramientas de la cinta de opciones se modificarán para adecuarse a las opciones de diseño de la página en la que se está trabajando.

65

Figura 60. Creación de un nuevo "Layout" en ArcGIS Pro.

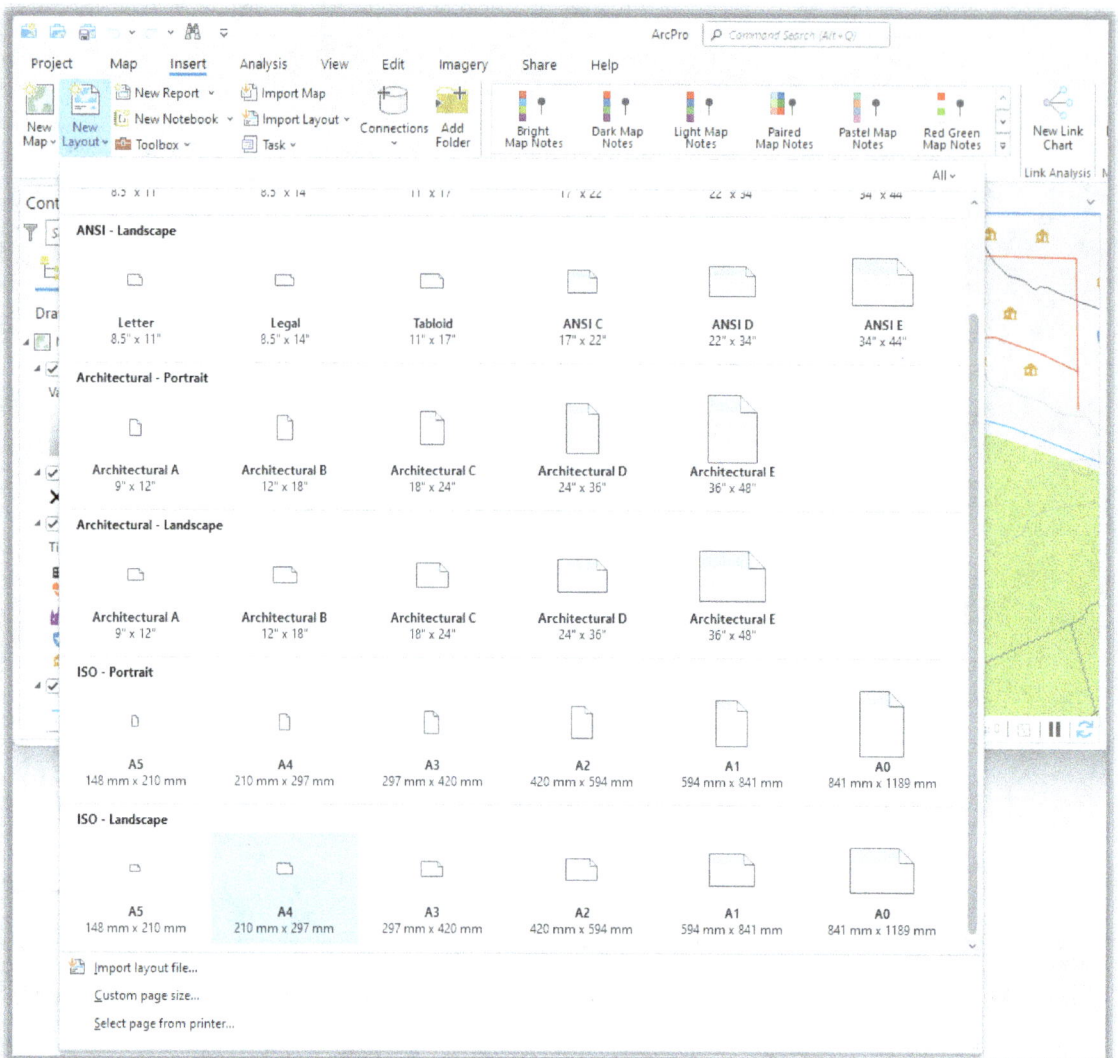

Es fundamental tener en cuenta que, lo que se observa en el **"Layout"** es exactamente lo que se imprimirá o publicará. Por esta razón, es esencial ser meticuloso y prestar atención a cada detalle para entregar un mapa de calidad. Para seguir la estructura de los elementos de la Figura 59, a continuación, se muestran los pasos necesarios para lograr un resultado similar al propuesto.

9.5.1. Título (1)

En la pestaña **"Insert"** dentro del grupo **"Graphics and Text"** se debe seleccionar el icono de texto **"Straight Text"** y dibujar un cuadro de texto en la página, en donde se puede definir el título del mapa (p.ej. **"Mi primer mapa en ArcGIS Pro")**. Para personalizar el formato del texto, se debe activar el **"Text"** y acceder al panel **"Text",** precisamente al grupo **"Text Symbol"**, donde se podrán seleccionar diferentes opciones, tales como negrita y tamaño de texto (18 pt), según se requiera.

9.5.2. Cuerpo del mapa (2)

El cuerpo del mapa es la parte fundamental y lo más importante de cualquier mapa, ya que contiene todas las capas que se desean representar. Para agregar este elemento, se debe ir a la pestaña **"Insert"**, y dentro del grupo **"Map Frames"** hacer clic en el botón **"Map Frame"**. Esta opción permite seleccionar el mapa en el que se ha estado trabajando (Figura 61). Luego, se debe dibujar el recuadro en la página que contendrá el mapa con todas las capas activadas.

Figura 61. Insertar el cuerpo del mapa (Map Frame) en ArcGIS Pro.

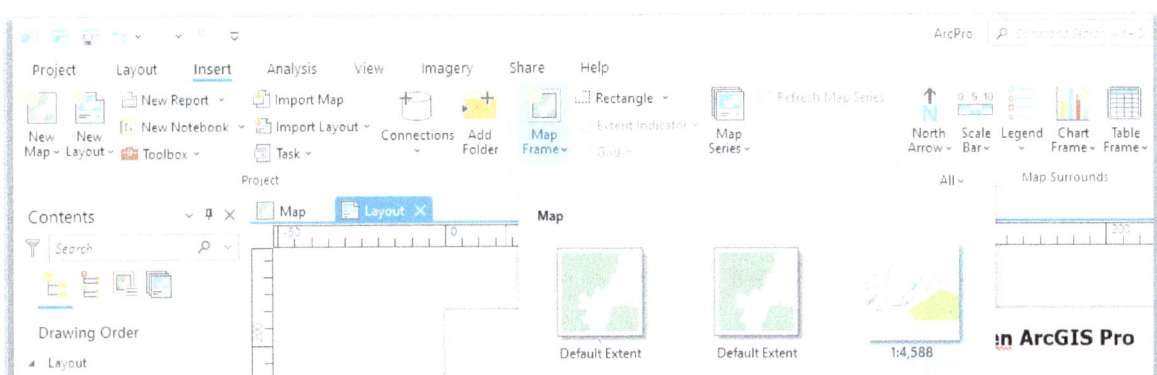

Si se desea reducir o ampliar el tamaño del cuerpo del mapa, se debe hacer clic sobre el rectángulo que lo contiene y ajustar sus bordes según se requiera. También es posible ajustar la posición del mapa dentro del recuadro mediante el botón "Activate", con un clic derecho sobre el "Map Frame" creado y usando las herramientas en el panel "Layout". Al hacer clic en el mapa, se puede moverlo hasta el lugar deseado. En este momento es importante definir la escala de impresión, lo cual se puede personalizar desde la barra inferior en el "Layout". En este ejemplo, se ha definido una escala de 1:5000.

9.5.3. Cuadrícula (3)

Es posible agregar una o varias cuadrículas al mapa, dependiendo de las necesidades de la representación. En este caso particular, se requiere una cuadrícula en coordenadas planas UTM. Para ello, se debe seleccionar el panel **"Map Frame"** y en el grupo **"Map Frames"** en la opción **"Grid"** se puede elegir diferentes formatos de cuadrícula (Figura 62). En este caso, se ha seleccionado **"Blue Vertical Label Grid"** en la opción **"Measured**

Grid". También se puede añadir cuadrículas o retículas en coordenadas geográficas, las cuales se encuentran dentro de la opción **"Graticule"**.

Figura 62. Ingresar una cuadrícula en ArcGIS Pro.

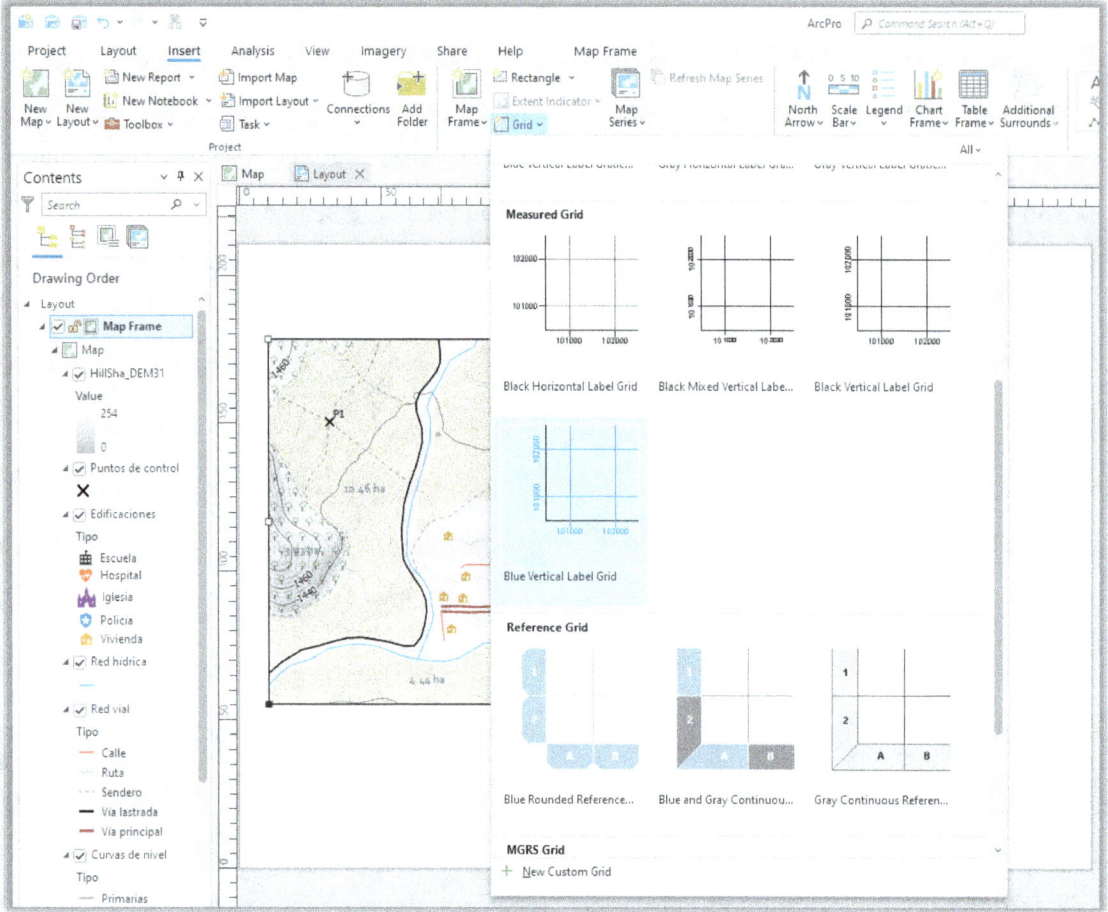

Existen diversas opciones para personalizar la cuadrícula en el panel **"Element"**, que se abre con doble clic sobre la cuadrícula seleccionada en el panel **"Contents"**. En caso de que este no aparezca, se debe hacer clic derecho sobre la cuadrícula en el panel **"Contents"** y seleccionar **"Properties"** (en este ejemplo, hacer clic derecho sobre **"Blue Vertical Label Grid"**). Los intervalos se colocan automáticamente, pero para personalizarlos se debe desactivar la casilla **"Automatically adjust"** en el botón **"Options"** (Figura 63, izquierda). Al hacer clic en el botón **"Components"** (Figura 63, derecha), se pueden personalizar los intervalos de cada uno de los componentes, así como agregar o eliminar componentes. En este caso, no se requieren las líneas horizontales y verticales (**"Gridlines"**), las cuales se pueden eliminar en **"Components"** con el botón **"x"**, pero se puede agregar el componente **"Intersection Points"**. Además, todos los componentes permiten personalizar el color, símbolo, entre otros aspectos.

Figura 63. Configuración de la cuadrícula en el panel "Element".

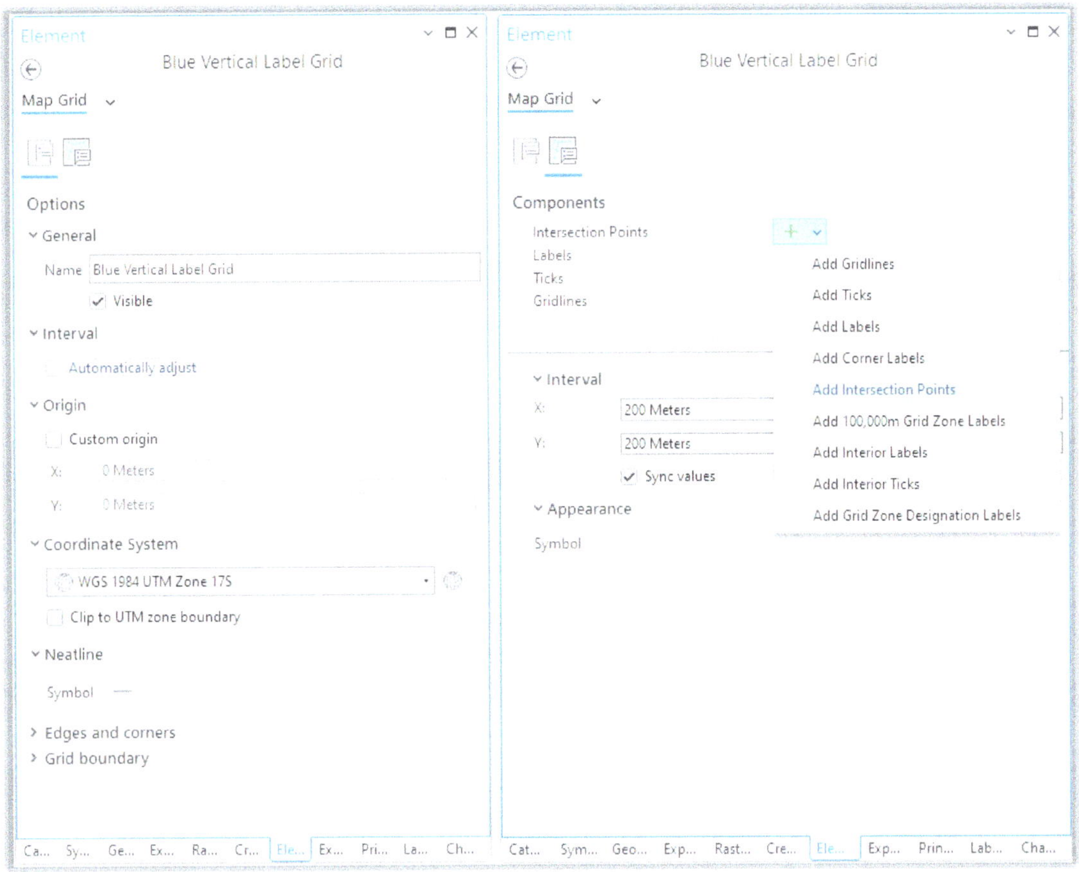

9.5.4. Norte geográfico (4)

Para indicar la orientación del mapa, es necesario utilizar la flecha de norte. Para hacerlo, se debe acceder a la pestaña **"Insert"** y seleccionar la opción **"North Arrow" dentro del grupo "Map Surrounds"**. A continuación, se debe buscar el símbolo de la flecha norte requerido (p.ej., **"ArcGIS North 1"**) y dibujar un cuadro en la página en el lugar deseado. Es posible ajustar el tamaño, color, etc. de la flecha y moverla libremente sobre el mapa hasta que quede en la posición adecuada.

9.5.5. Mapa de ubicación (5)

Una de las ventajas de conocer la ubicación del área de estudio es que permite al lector situarse espacialmente dentro de un contexto más amplio. En ArcGIS Pro, es posible agregar indicadores de localización para conectar diferentes **"Map Frames"**. Para ello, es necesario crear un nuevo **"Map"** y un nuevo **"Map Frame"** de referencia.

El mapa de ubicación se puede agregar considerando los siguientes pasos:

- Ir a la pestaña "**Insert > New Map > Map**" para agregar un nuevo mapa en blanco.

- En el nuevo mapa con el botón **"Add Data"** dentro de la pestaña "Map" añadir una o varias capas que indiquen la extensión espacial superior al área de estudio, en este ejemplo se usa todas las capas (shapefiles) de la carpeta "**09_5_5_mapa_referencia**". Si se está elaborando un mapa de un departamento o provincia, se recomienda agregar el mapa del país o región correspondiente en el mapa de ubicación.

- Configure la simbología y diseño de las capas del nuevo mapa utilizando las técnicas cartográficas aprendidas.

- Luego, volver a la edición del "**Layout**" y agregue el nuevo mapa (Map1) usando el botón **"Map Frame"**. Ajuste su ubicación, tamaño y escala de acuerdo con lo necesario.

- Seleccione el nuevo **"Map Frame 1"** y, en el grupo **"Map Frames",** haga clic en el botón **"Extent Indicator"** y seleccione el **"Map Frame"**.

- En el panel **"Element"**, dentro de **"Extent Indicator"**, se pueden personalizar el símbolo y otras opciones.

- Para añadir un título, inserte un cuadro de texto desde la pestaña **"Insert > Graphics and Text > Straight Text"**. Por ejemplo, puede escribir "Mapa de ubicación", como se muestra en la Figura 64.

Figura 64. Configuración de indicadores de localización.

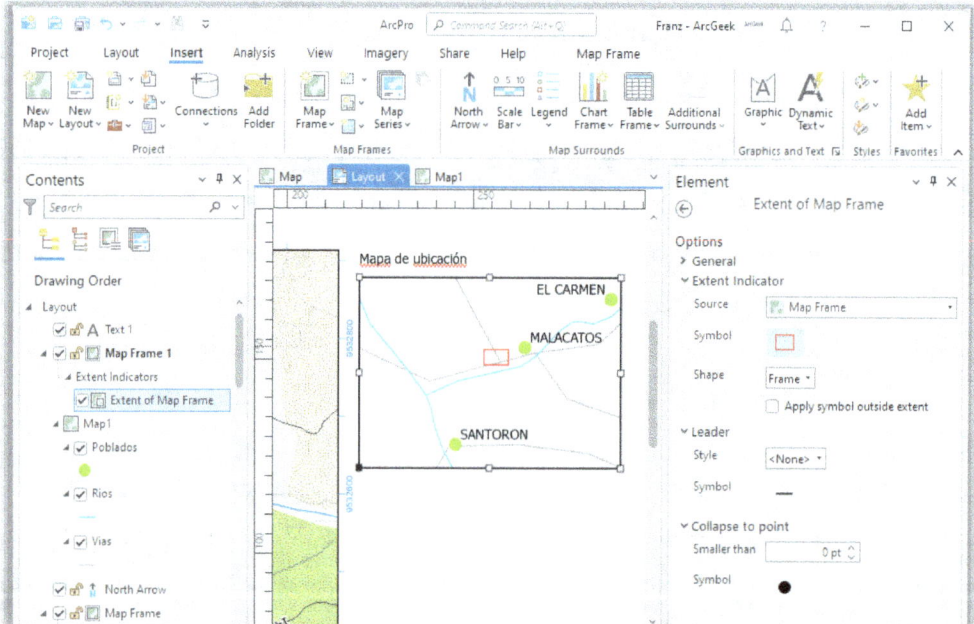

Se pueden agregar múltiples **"Map Frames"** según lo necesario, los cuales se pueden configurar o personalizar, haciendo clic derecho sobre ellos y abrir las propiedades. Esto es especialmente útil cuando se trabaja con una gran cantidad de **"Map Frames"**. Sin embargo, se debe tener precaución al añadir una gran cantidad de **"Map Frames"**, ya que el área de estudio debe ser identificada claramente con relación al contexto geográfico, para evitar que la localización del área de estudio resulte difícil de visualizar.

9.5.6. Leyenda (6)

Para agregar una leyenda que permita al lector conocer el significado de los símbolos utilizados en el mapa, se deben seguir los siguientes pasos:

- En la pestaña **"Insert"**, dentro del grupo **"Map Surrounds",** se debe seleccionar "**Legend"** y dibujar un cuadro en el lugar de la página donde se desea que aparezca la leyenda.
- En el panel **"Element"**, se puede configurar el título de la leyenda (p.ej. cambiarlo a **"Leyenda").** También se pueden ajustar opciones como el formato de la fuente, columnas, borde y sombreado.
- En el panel **"Contents"**, es posible activar o desactivar los elementos presentes en la leyenda. Por ejemplo, si no es necesario mostrar la capa **Hillshade**, se puede desactivar o eliminar.
- Para personalizar un elemento específico de la leyenda, se hace clic derecho sobre este elemento dentro de la leyenda en el panel **"Contents",** y seleccionar **"Properties"** para acceder al panel **"Element"**, donde se puede desactivar las casillas no requeridas en el panel **"Legend Item"**. Por ejemplo, si en la capa **"Edificaciones"** no se quiere mostrar el título del campo **"Tipo"**, se desactiva la casilla **"Heading"**, o para eliminar el nombre de la capa, se desactiva la casilla **"Layer name"** (Figura *65*).

Figura 65. Insertar una leyenda en ArcGIS Pro.

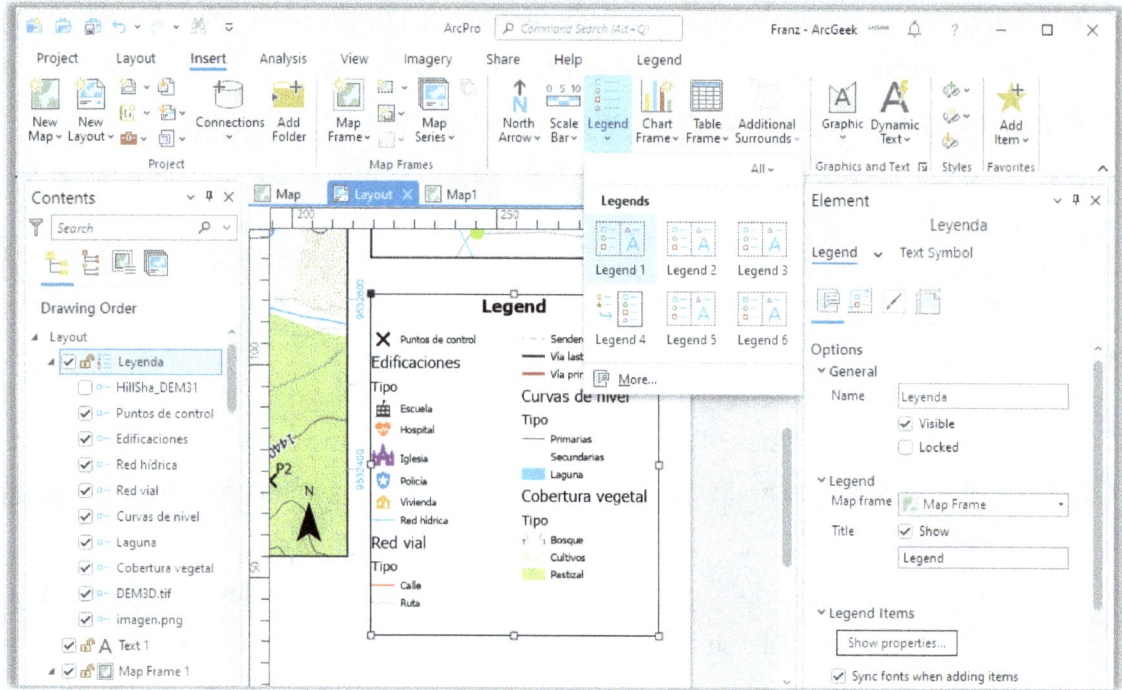

9.5.7. Escala numérica (7)

Para indicar la relación entre los valores de longitud en el mapa y los valores de longitud reales del terreno se utiliza la escala numérica. Antes de insertarla en el mapa, es importante asegurarse de que el valor de la escala (aquí: 1:5000) esté correctamente asignado en la barra inferior de la página.

En la pestaña **"Insert"** y debe seleccione **"Dynamic Text"** dentro del grupo **"Graphics and Text"**. En la lista de formatos de texto dinámico, se elija **"Scale"** y se dibuje un recuadro en el lugar donde desea que aparezca la escala numérica. Luego, se puede configurar o personalizar la escala, como por ejemplo establecer el tamaño de texto (12 pt). La escala generada es dinámica, lo que significa que se actualizará automáticamente al modificar la escala del mapa. En el panel **"Elements"** en las opciones de texto puede reemplazar **"Scale:"** por **"Escala:"** o cualquier otro texto que considere necesario.

9.5.8. Escala gráfica (8)

La escala gráfica es una herramienta esencial que representa visualmente las distancias del terreno en un mapa, podría describirse como una "mini regla" incrustada en el mismo. Dependiendo del diseño, la escala puede ubicarse dentro o fuera del mapa (Figura 59). Para agregar una escala gráfica, se debe acceder a la pestaña **"Insert"** y dentro del grupo

"Map Surrounds", hacer clic en el botón **"Scale Bar"**. De la lista de opciones de barras de escalas disponibles, se puede seleccionar la preferida (p. ej. **"Scale Line 2 Metric")**. Después, se debe dibujar y ajustar la posición de la escala gráfica en el lugar deseado. En el panel **"Element"**, se pueden personalizar diferentes opciones, como la unidad de medida, que en este caso se selecciona **"Meters"**, y en la etiqueta, escribiendo **"m"** en la opción **"Label Text"** (Figura 66).

Figura 66. Añadir una escala gráfica en ArcGIS Pro.

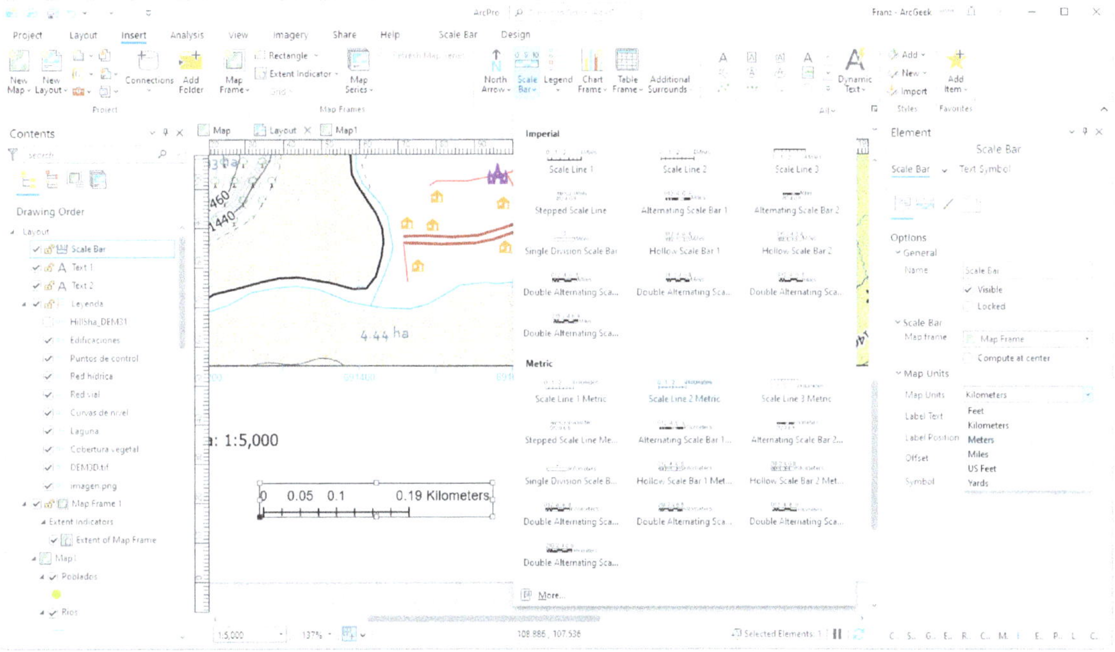

Si se desea configurar las divisiones de la escala gráfica con valores exactos, como por ejemplo una longitud total de 200 metros, se debe seguir los siguientes pasos:

- Hacer clic en el botón **"Properties"** (escala) en el panel **"Elements"**.

- Seleccionar **"Adjust width"** en **"Fitting Strategy"**.

- Ingresar 100 en **"Division Value"** y 2 en **"Divisions"**, así como seleccionar 4 en **"Subdivisions"**. La longitud total de la escala gráfica se obtiene multiplicando los valores de **"Division Value"** y **"Divisions"** (Figura 67).

Figura 67. Ajustar las divisiones de la escala gráfica.

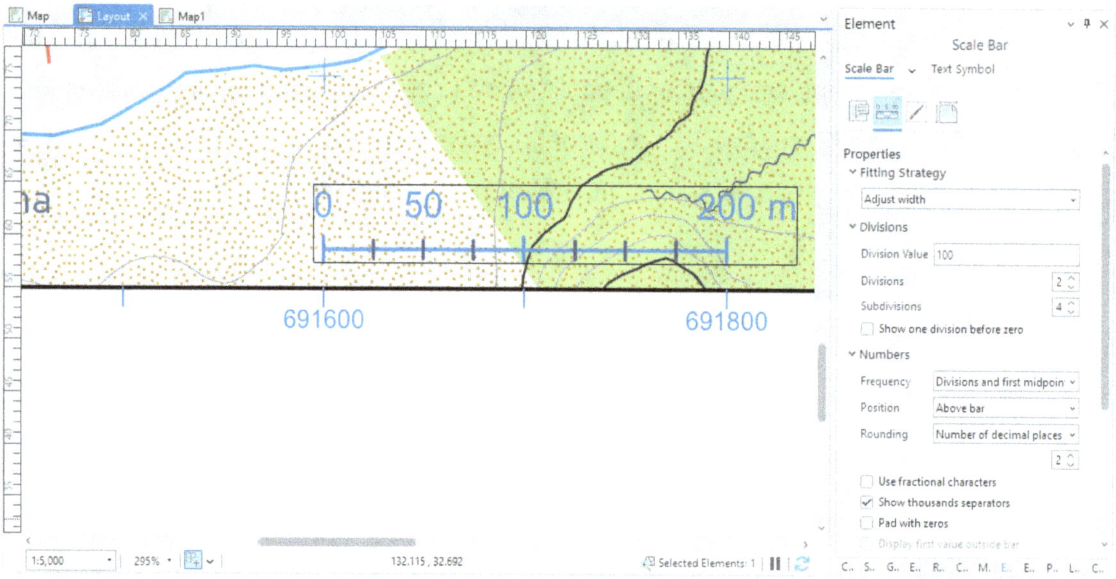

9.5.9. Parámetros de referencia geodésicos (9)

Es fundamental indicar el sistema de referencia geodésico utilizado en la creación del mapa. Para ello, se puede acceder a la pestaña **"Insert > Graphics and Text > Straight Text"** y escribir el siguiente texto:

Proyección Universal Transversa de Mercator.
Elipsoide y Datum Horizontal WGS 84 Zona 17 Sur.

9.5.10. Área de tarjetas o cajetines (10)

Las tarjetas o cajetines son una forma útil de añadir información adicional al mapa, como el nombre de los responsables de la elaboración, el nombre del proyecto o programa, logotipos, la fuente de los insumos cartográficos, la fecha de elaboración, la escala de trabajo, entre otros datos. A continuación, se presentan los pasos para agregar una tabla de una capa vectorial, una tabla de Microsoft Word y una imagen:

- Para agregar una tabla que contenga información de la capa de **"Puntos de control"**, primero se debe asegurarse de que la capa tenga toda la información que se desea mostrar y haber configurado el alias para el nombre de los campos tal como se requiere que se muestren. Esto se logra abriendo la tabla de atributos de la capa, haciendo clic derecho sobre el campo y seleccionando **"Field"** para poner un nombre en **"Alias"**. Luego, ir a la pestaña **"Insert > Map Surrounds > Table Frame"**, dibujar en el lugar donde se desea que aparezca y seleccionar la capa que contiene la tabla de "**Puntos de control**" en el panel **"Elements"**. Finalmente, ajustar las opciones de personalización según sea necesario.

- Para insertar la tabla de un documento de Microsoft Word, se debe seleccionar la tabla de este documento (Tabla 4), copiarla con **"Ctrl + C"**, y en el **"Layout"** de ArcGIS Pro pulsar **"Ctrl + V"** para pegarla y ajustarla según se requiera. Sin embargo, esto puede resultar difícil de ajustar. Por ello, se recomienda exportar la tabla como una imagen (p.ej. copiarla en Paint donde se guarda como PNG o JPG) y, posteriormente, seguir las instrucciones que se detallan en el siguiente paso para insertar una imagen en el **"Layout"**.

Tabla 4. Tarjeta de información

Cajetín informativo	
Mapa base comunal	
Tema: Mi primer mapa en ArcGIS Pro	
Fuente: Shapefiles IGM	**Fecha:** Noviembre 2023

- Para agregar un logotipo o imagen, se debe ir a la pestaña **"Insert > Graphics and Text > Graphic"** y seleccionar la imagen que se desea usar. Luego, ajustar el tamaño y la posición según sea necesario.

Para mejorar la presentación visual del mapa, es recomendable organizar cuidadosamente cada uno de los elementos que se han agregado. Para esto, se puede seleccionar varios elementos y hacer clic derecho sobre ellos para acceder a opciones como agrupar, alinear y distribuir. Además, para ampliar aún más las posibilidades de diseño, se sugiere explorar las opciones que no se han abordado en este manual, como la incorporación de gráficos, reportes, estilos y "MXD". Al experimentar con estas herramientas, se puede desarrollar más habilidades de forma autodidacta.

9.6. Exportar e imprimir un mapa

Una vez que se ha finalizado el proceso de elaboración de un mapa, es posible enviarlo a imprimir o exportarlo en diferentes formatos. Para imprimir el mapa, se debe ir a la pestaña **"Share"** dentro del grupo **"Output"**, hacer clic en el botón **"Print Layout"** y configurar la impresora de acuerdo con las opciones disponibles.

Si se necesita tener el mapa en otro formato digital, se puede exportar desde la pestaña **"Share > Output > Export Layout"**. En el panel **"Export Layout"**, se pueden seleccionar diferentes formatos, como EMF, EPS, AI, PDF, SVG, BMP, JPEG, PNG, TIFF y GIF, y luego exportar con el botón **"Export"**. En cada formato, se pueden configurar la resolución y parámetros adicionales. Al activar la casilla **"Clip to graphics extent"**, se recorta el mapa solo del área ocupada dentro del diseño, lo cual es útil cuando el mapa no ocupa la hoja completa. La activación de la casilla **"Transparent background"** hace que el fondo sea transparente.

Es importante destacar que las opciones para los PDF permiten activar o desactivar las capas dentro del lector PDF, lo que resulta muy útil si se requiere un "**GeoPDF**". En algunos casos, especialmente cuando se usan caracteres especiales en los textos del mapa, no todos los elementos suelen ser legibles al generar un archivo PDF. Por ello, se recomienda utilizar una impresora PDF que esté instalada en la computadora.

La Figura 68 muestra el resultado final del mapa elaborado, siguiendo las instrucciones de este documento.

Figura 68. Ejemplo de un mapa elaborado con ArcGIS Pro.

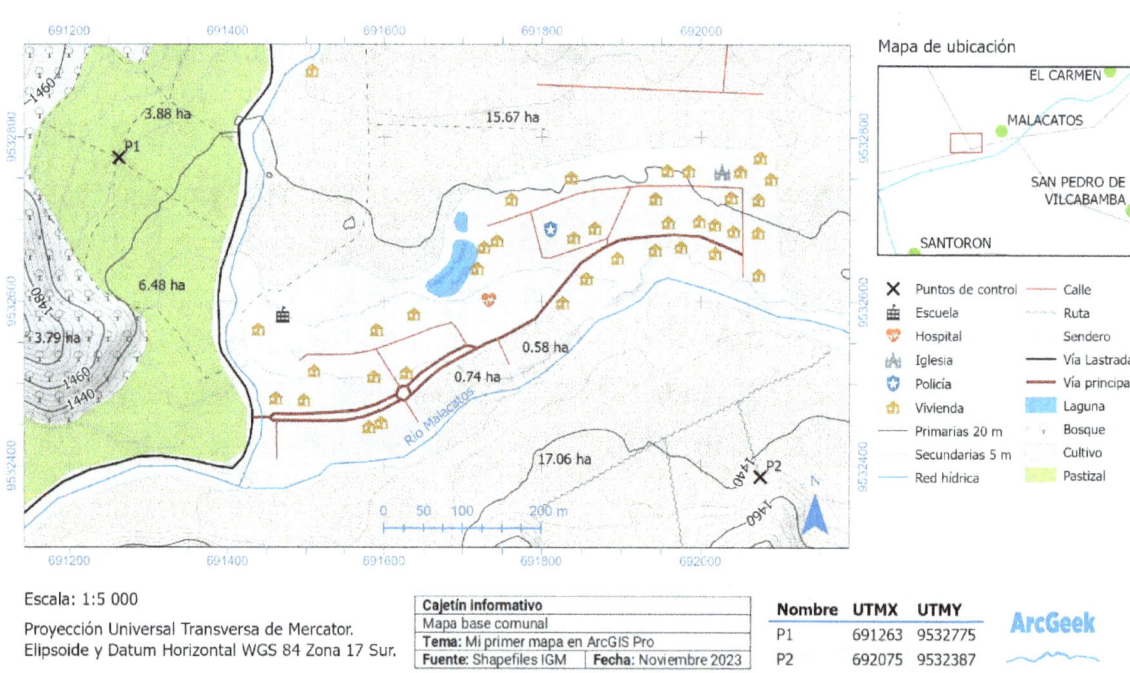

Hasta este punto, se presentaron las principales técnicas, herramientas y funciones para construir un mapa. Es fundamental tener conocimientos sólidos en todo el proceso de elaboración para lograr una presentación visual de calidad. En los siguientes apartados, se exploran otras herramientas que pueden ser útiles en un proyecto. Es importante que se siga explorando otras opciones de las herramientas presentadas en ArcGIS Pro, ya que la curiosidad es un buen camino para aprender y convertirse en Pro.

10. Herramientas de geoprocesamiento

Todas las herramientas SIG son de gran utilidad, ya que permiten automatizar procesos que anteriormente requerían mucho tiempo y esfuerzo manual. Dentro de estas, especialmente el geoprocesamiento (**"Geoprocessing"**) es una herramienta poderosa, ya que permite mediante diferentes operaciones la creación de nueva información geográfica. Su objetivo principal es el modelamiento y análisis de datos geográficos, así como automatizar tareas en SIG (ESRI, 2016b).

A partir de este punto, se utilizarán con mayor frecuencia las herramientas desde **"Toolboxes"** (**"Analysis > Geoprocessing > Tools"**), aunque algunas de las herramientas más comunes de geoprocesamiento también se pueden acceder desde el grupo **"Tools"** en la pestaña **"Analysis"**. Cada herramienta presenta una estructura similar en la que se solicitan archivos de entrada y salida, así como campos configurables, dependiendo de la naturaleza de la herramienta. Para usuarios avanzados se sugiere el uso de las herramientas de geoprocesamiento "Pairwise Overlay Tools" dentro de la caja de herramientas **"Toolboxes"**.

Para realizar los ejercicios propuestos en esta sección, es recomendable crear un nuevo mapa (**"Insert > New Map > New Map"**) en un proyecto nuevo o dentro del proyecto actual en "ArcPro". Luego cargar las capas vectoriales desde la carpeta **"10_geoprocesamiento"**.

10.1. Áreas de influencia (Buffer)

Cuando una gota de agua cae sobre una superficie de agua, crea una onda expansiva que se propaga y puede causar cambios positivos o negativos desde su origen. Las zonas de influencia son polígonos generados a partir de una entidad a una distancia determinada. Este análisis espacial permite conocer la superficie afectada por una actividad (p.ej. la construcción de una fábrica), las áreas de influencia (p.ej. la apertura de una carretera dentro de un área protegida), los efectos de contaminantes (p.ej. fertilizantes) y el alcance de antenas (p.ej. telecomunicaciones o radares meteorológicos).

La herramienta **"Buffer"** permite crear zonas de influencia para puntos, líneas y polígonos, que puede accederse en la siguiente ruta:

Geoprocessing > Toolboxes > Analysis Tools > Proximity > Buffer

77

La herramienta **"Buffer"** (Figura 69) se puede configurar de la siguiente manera:

- **Input Features:** Selecciona la capa de puntos, líneas o polígonos (buffer_puntos, buffer_linea, buffer_poligono).
- **Output Features Class:** Elige el directorio o geodatabase donde se almacenará la entidad resultante.
- **Distance [value or field]:** Presenta dos opciones**: "Linear Unit"**, que permite establecer un valor fijo con su respectiva unidad (p.ej. 30 metros), y **"Field"**, que crea una zona de influencia en base a los valores de un campo seleccionado de la tabla de atributos.
- **Method:** Especifica el método a utilizar para crear la zona de influencia. El método **"Planar"** utiliza la distancia euclidiana; es decir, la distancia mediada con una regla en un plano proyectado, mientras que **"Geodesic"** toma en cuenta la curvatura de la Tierra, independientemente del sistema de coordenadas de la capa. Las zonas de influencia no se ven afectadas por la distorsión de un sistema de coordenadas proyectado.

Figura 69. Configuración de la herramienta "Buffer".

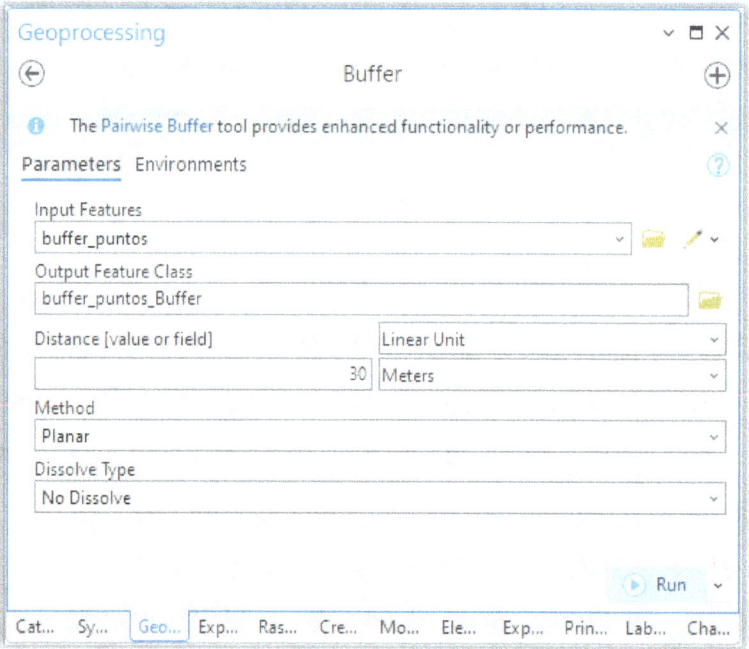

La Figura 70 muestra el resultado de la creación de zonas de influencia para tres puntos, una línea y dos polígonos. En este caso, se utilizó una distancia de 20 metros como unidad linear y el método planar para generar las zonas de influencia.

Figura 70. Zonas de influencia creadas con la herramienta "Buffer".

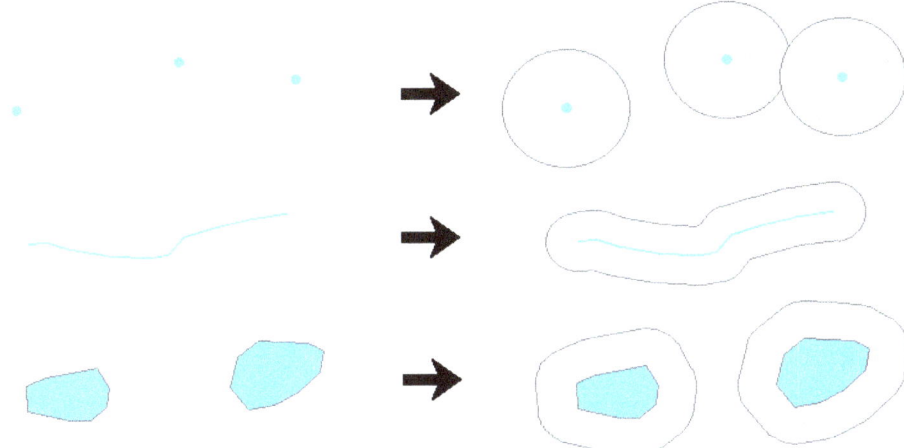

10.2. Intersecciones (Intersect)

La operación de intersección se utiliza para buscar el área común entre dos o más capas. La herramienta **"Intersect"** calcula la intersección en una nueva capa. Para ejecutar la herramienta, diríjase a:

Geoprocessing > Toolboxes > Analysis Tools > Overlay > Intersect

En el campo "**Input Features**", se pueden agregar todas las capas en las que se desea buscar áreas de intersección ("intersect_1", "intersect_2"). Un ejemplo del resultado se muestra en la Figura 71.

Figura 71. Resultado de la intersección de dos capas.

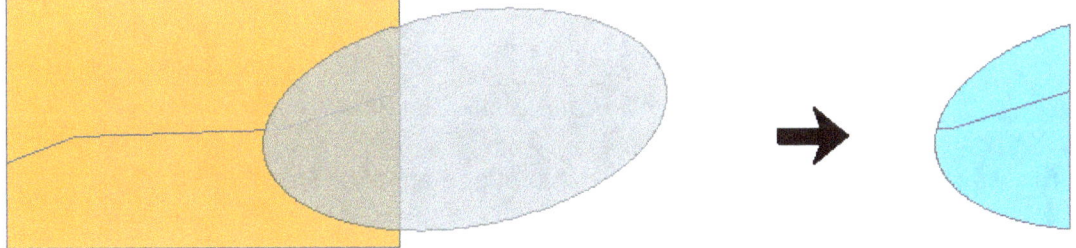

10.3. Recortes (Clip)

La herramienta **"Clip"** permite recortar una entidad en base al perímetro de una capa poligonal. La capa poligonal se utiliza para limitar la extensión de las capas a un área específica. Por ejemplo, si se dispone de una capa de curvas de nivel de un país, se puede realizar un recorte para trabajar a nivel de provincia. La herramienta **"Clip"** se encuentra en la siguiente ruta:

Para configurar la herramienta se debe realizar el siguiente proceso (Figura 72):

- **Input Features or Dataset:** Selecciona la capa de puntos, líneas o polígonos que se va a recortar ("clip_puntos", "clip_lineas").

- **Clip Features:** Selecciona la capa poligonal que contiene el perímetro de recorte ("clip_recorte").

- **Output Features Class or Dataset:** Selecciona el directorio o geodatabase donde se guardará la nueva capa recortada.

Figura 72. Configuración de la herramienta "Clip".

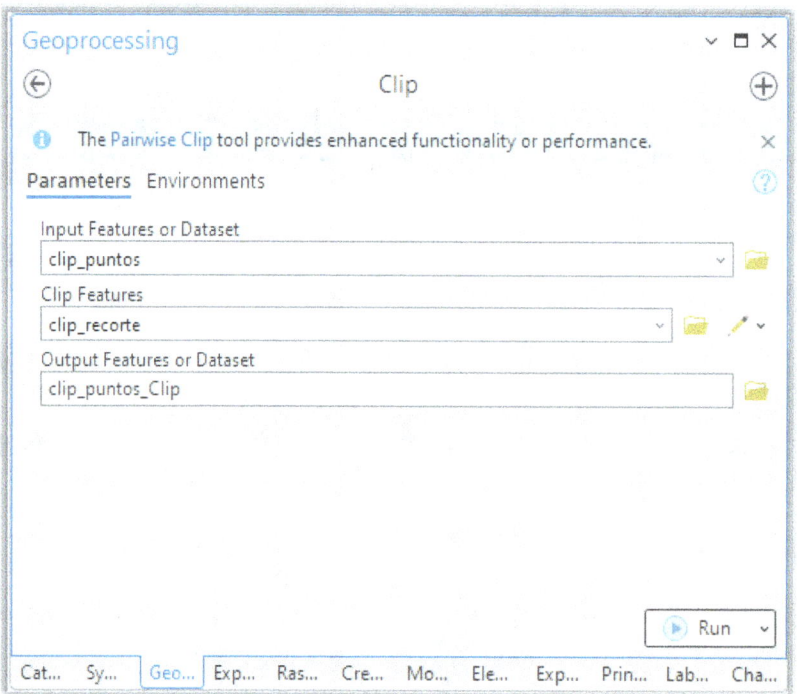

-

El resultado de la herramienta **"Clip"** se lo puede apreciar en la Figura 73.

Figura 73. Recorte de entidades vectoriales.

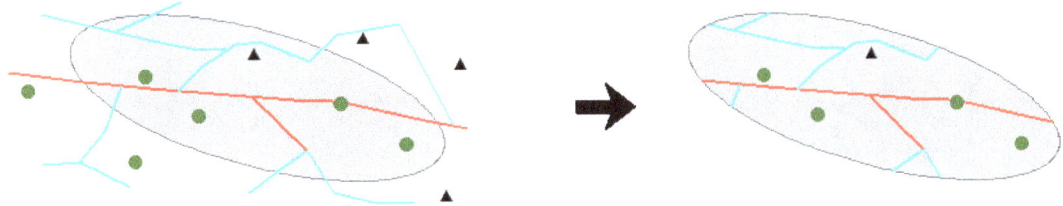

10.4. Fusionar (Merge)

Para fusionar dos o más entidades en una sola capa del mismo tipo (puntos, líneas o polígonos), se puede utilizar la herramienta **"Merge"**. Es importante tener en cuenta que esta herramienta no modifica la geometría de las entidades originales, incluso si existiera un solapamiento. La herramienta **"Merge"** se encuentra en la siguiente ruta:

Geoprocessing > Toolboxes > Data Management Tools > General > Merge

En la configuración de la herramienta **"Merge",** en la sección **"Input Dataset"**, se seleccionan todas las capas que se desean fusionar (p.ej. "merge_1" y "merge_2"). En la sección **"Output Dataset"**, se asigna un nombre y un directorio a la capa resultante. En la sección **"Field Map"**, se pueden añadir, renombrar o eliminar campos de las capas participantes (Figura 74).

Figura 74. Configuración de la herramienta "Merge".

Geoprocessing	∨ ⬜ ✕
←	Merge	⊕

Parameters Environments

Input Datasets ⌄

merge_1	∨	📁
✕	merge_2	∨	📁
		∨	📁

Output Dataset

| merge_1_Merge | 📁 |

Field Map

Output Fields ⊕	Source	Properties
Id (2)	Merge Rule	First ∨
	merge_1	
	Id	∨
	merge_2	
	Id	∨
	Add New Source ∨	

☐ Add source information to output

▶ Run ∨

Cat... Sy... Geo... Exp... Ras... Cre... Mo... Ele... Exp... Prin... Lab... Cha...

La Figura 75 muestra un ejemplo, donde a la izquierda se encuentran dos capas de polígonos separados, y a la derecha se muestra la fusión de ambas capas en una sola capa.

Figura 75. Fusión de dos capas vectoriales de misma geometría.

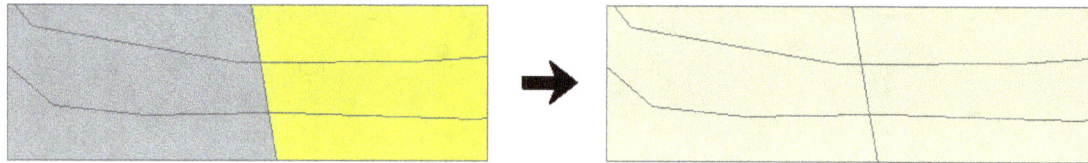

10.5. Disolver (Dissolve)

La herramienta **"Dissolve"** permite combinar información geográfica basada en un atributo común; es decir, realiza una fusión contigua de la información que comparte un valor idéntico dentro de la tabla de atributos. Para acceder a ella, se debe dirigir a:

Geoprocessing > Toolboxes > Data Management Tools > Generalization > Dissolve

La Figura 76 muestra la configuración de la herramienta **"Dissolve"**, en donde se deben ajustar los parámetros de la siguiente manera:

- **Input Features:** Selecciona la capa de puntos, líneas o polígonos sobre la que se va a trabajar ("dissolve").
- **Output Features Class:** Selecciona el directorio o geodatabase donde se va a guardar el archivo resultante.
- **Dissolve Fields:** Selecciona el campo que contiene los atributos en función de los cuales se fusionarán las entidades (p.ej. el campo "Id").
- **Statistics Field:** Permite obtener cálculos estadísticos de los campos a disolver.

Figura 76. Configuración de la herramienta "Dissolve".

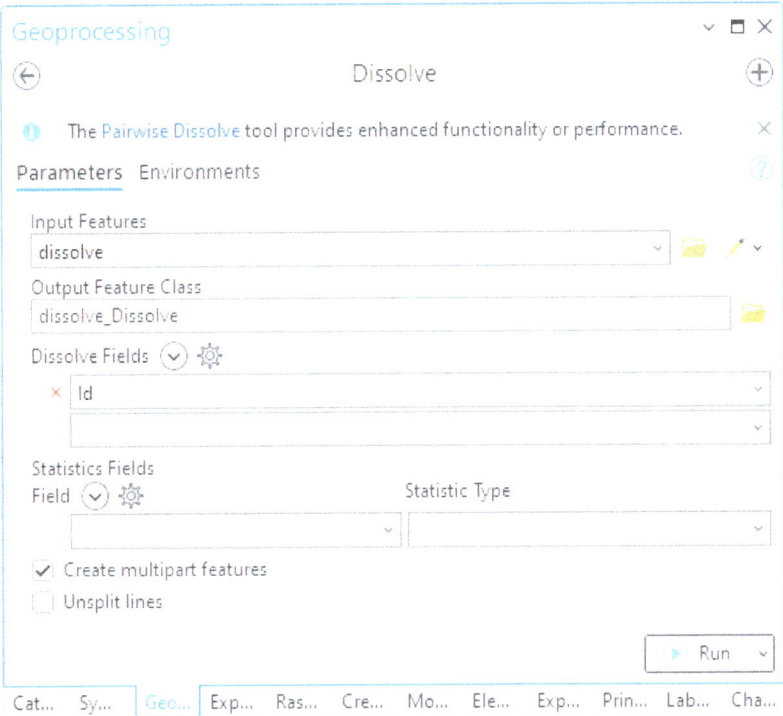

En la Figura 77 a la izquierda, se pueden observar polígonos continuos con atributos idénticos, mientras que en la derecha se puede ver el resultado de la fusión de todos los polígonos que comparten un atributo común. Esta herramienta es útil cuando se necesita obtener una capa de provincias a partir de una capa de cantones; siempre y cuando la tabla asociada a los cantones tenga un campo que indique la provincia a la que pertenece cada cantón.

Figura 77. Resultado al disolver una capa vectorial por sus atributos.

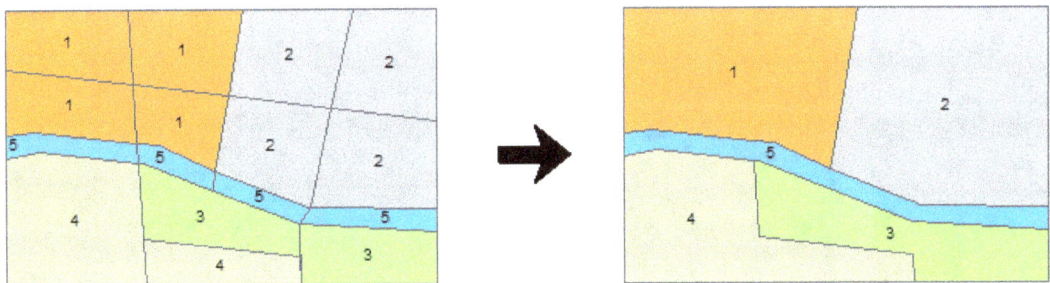

10.6. Definir proyección a una capa

A veces, al cargar nuevas capas en ArcGIS Pro, se puede recibir un mensaje de advertencia que dice "Unknown Coordinate System "Map2" data source is missing coordinate system information. Click here to view details". Esto se debe a que las capas añadidas no tienen un sistema de coordenadas definido. Probablemente, al crear las capas se omitió definir el sistema de referencia espacial.

No es recomendable definir un sistema de coordenadas sin estar seguro de seleccionar el correcto. Para definir el sistema de coordenadas de una capa (vectorial o raster), se debe ir a la siguiente herramienta:

Geoprocessing > Toolboxes > Data Management Tools > Projections and Transformations > Define Projection

En "**Define Projection**" se debe configurar los siguientes parámetros y aceptar los cambios con el botón "**OK**" (Figura 78).

- **Input Dataset or Feature Class:** Selecciona la capa vectorial o ráster ("sin_proyeccion").
- **Coordinate System:** Selecciona el sistema de coordenadas (Projected Coordinate Systems > UTM > WGS 1984 > Southern Hemisphere > WGS 1984 UTM Zone 17S).

Figura 78. Definir un sistema de coordenadas a una capa

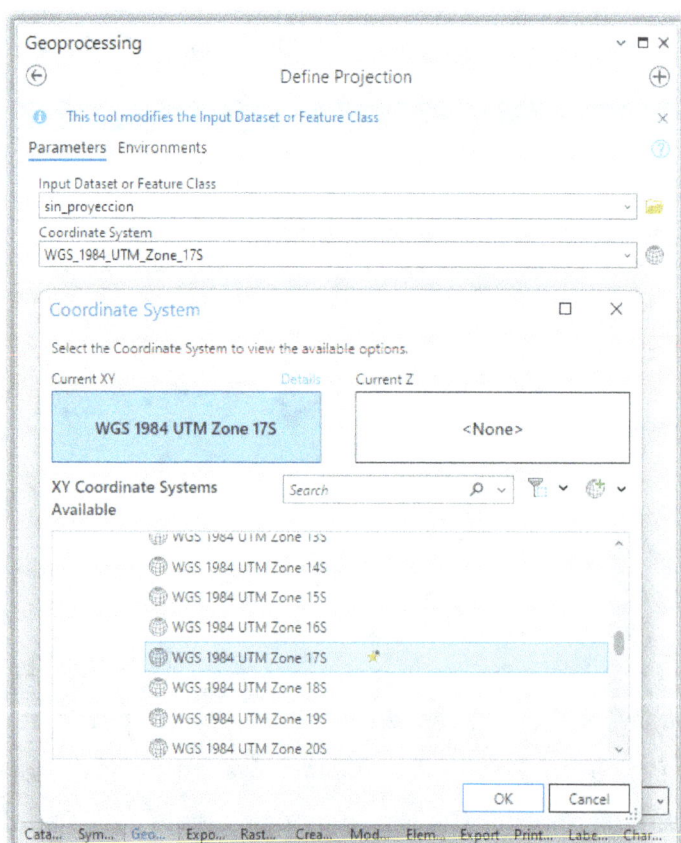

10.7. Proyectar una capa a otro sistema de referencia

La herramienta **"Project"** permite transformar los datos espaciales de un sistema de coordenadas a otro distinto. En esta práctica, se realiza la transformación de la proyección de una capa con el sistema de coordenadas "WGS 1984 UTM Zone 17S" al sistema "Provisional South American Datum UTM Zone 17S". Es importante considerar que ambos sistemas tienen diferentes datum (WGS84 y PSAD56), lo que implica aplicar las transformaciones correspondientes para cada ubicación. La lista de transformaciones necesarias se encuentra en un archivo PDF (Figura 79), disponible en la página web de ayuda de ArcGIS Pro "Geographic and Vertical Transformations".

Figura 79. Fragmento del documento "Geographic and Vertical Transformation Tables".

Geographic (datum) Transformation Name	WKID	Accuracy (m)	Area of Use	Minimum Latitude	Minimum Longitude	Maximum Latitude	Maximum Longitude
PSAD_1956_To_SIRGAS-Chile_3	6951	5.000	Chile - onshore 36°S to 43.5°S	-43.5000	-74.4800	-35.9900	-70.3900
PSAD_1956_To_WGS_1984_1	1201	42.000	South America - Bolivia; Chile; Ecuador; Guyana; Peru; Venezuela	-43.5000	-81.4100	12.2500	-56.4700
PSAD_1956_To_WGS_1984_10	1582	3.000	Bolivia - Madidi	-14.4300	-68.9600	-13.5600	-67.7900
PSAD_1956_To_WGS_1984_11	1583	0.500	Bolivia - Block 20	-21.7100	-63.4400	-21.0900	-62.9500
PSAD_1956_To_WGS_1984_12	1811	10.000	Brazil - Amazon cone shelf	-1.0500	-51.6400	5.6000	-48.0000
PSAD_1956_To_WGS_1984_13	1095	15.000	Venezuela - onshore	0.6400	-73.3800	12.2500	-59.8000
PSAD_1956_To_WGS_1984_14	3990	5.000	Ecuador - mainland onshore	-5.0100	-81.0300	1.4500	-75.2100

Para llevar a cabo la transformación, es necesario abrir la herramienta **"Project"** (Figura 80) y configurarla de la siguiente manera:

Geoprocessing > Toolboxes > Data Management Tools > Projections and Transformations > Project

- **Input Dataset or Feature Class:** Selecciona la capa que deseas proyectar. El sistema de coordenadas actual de la capa se mostrará por defecto.

- **Output Dataset or Feature Class:** Selecciona el directorio o geodatabase donde deseas almacenar el archivo resultante.

- **Output Coordinate System:** Selecciona el nuevo sistema de coordenadas que deseas utilizar. En este caso, selecciona "**Projected Coordinate Systems > UTM > South America > PSAD_1956_UTM_Zone_17S**".

- **Geographic Transformation:** Selecciona la transformación correspondiente de la lista de transformaciones del documento PDF ("Geographic and Vertical Transformation Tables" en la página web de ArcGIS Pro). En este caso, se debe seleccionar "**PSAD_1956_To_WGS_1984_14**", debido a que la capa a ser proyectada se encuentra en Ecuador continental. También es posible seleccionar

"PSAD_1956_To_WGS_1984_6", pero la precisión será menor (ver PDF de la Figura 79).

Figura 80. Proyectar una capa a otro sistema de coordenadas.

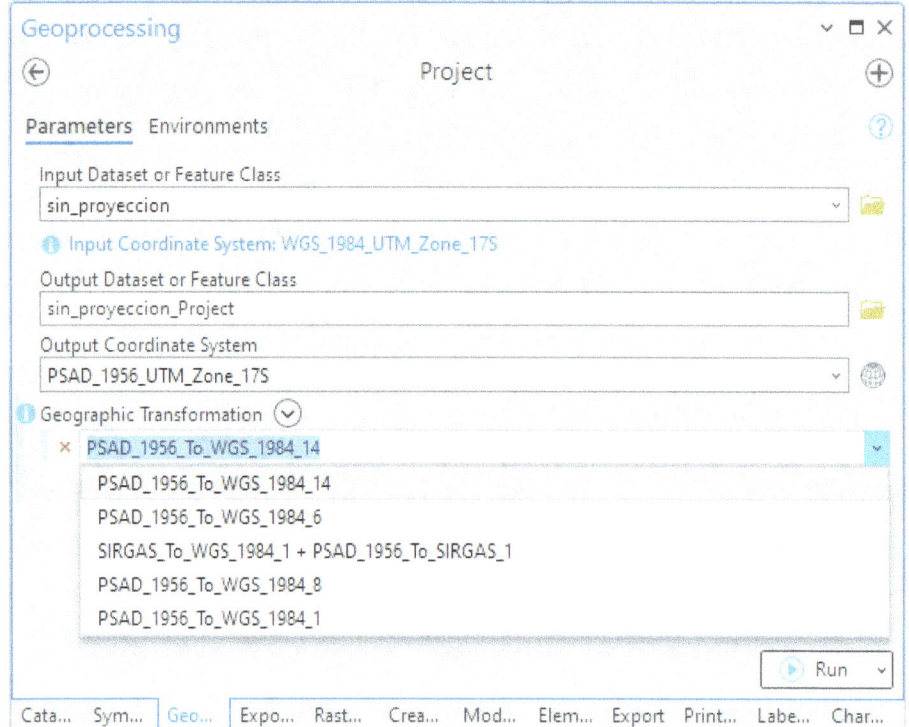

Para cambiar el sistema de coordenadas en un archivo ráster usar la herramienta **"Project Raster"** ubicada en:

Geoprocessing > Toolboxes > Data Management Tools > Projections and Transformations > Raster

11. Análisis espacial

El análisis espacial es un proceso que implica modelar y obtener resultados a través del procesamiento informático, seguido por la revisión e interpretación de los resultados del modelo. Este proceso es especialmente útil para evaluar la idoneidad y la capacidad de un área determinada, calcular y predecir diversos fenómenos espaciales, así como para interpretar y comprender patrones y tendencias en los datos geoespaciales (ESRI, 2016b).

Para llevar a cabo un análisis espacial de alta calidad, es fundamental disponer de herramientas de software avanzadas y bien diseñadas. En este sentido para ejecutar ciertas herramientas de análisis espacial, se requiere de una licencia de la extensión **"Spatial Analyst"**. Dicha extensión proporciona una amplia gama de funcionalidades y herramientas avanzadas de análisis espacial que permiten a los usuarios realizar análisis más detallados y precisos de los datos geoespaciales.

En definitiva, el análisis espacial es una técnica poderosa y útil para abordar problemas geoespaciales complejos y obtener información nueva de los datos. La disponibilidad de herramientas avanzadas, como la extensión "**Spatial Analyst**" de ArcGIS Pro, es clave para aprovechar todo el potencial del análisis espacial y obtener resultados precisos y significativos.

11.1. Interpolaciones

La primera ley de la geografía de Tobler (1970) establece que todos los lugares están relacionados, pero los lugares cercanos están más relacionados que los lugares lejanos. Por ejemplo, si llueve en un lado de una calle, es altamente probable que también llueva al otro lado de la calle, pero menos probable que llueva en una calle al otro lado de la cuidad.

Según Gruver y Dutton (2014), la interpolación es un proceso que utiliza mediciones realizadas en ciertos lugares para hacer predicciones sobre un fenómeno en lugares donde no se han realizado mediciones. Este proceso resulta útil para entender y predecir patrones espaciales de variables como la precipitación, la temperatura o la elevación. Existen muchos métodos de interpolación, de los cuales unos son más utilizados que otros en los SIG, dependiendo del tipo de datos o variable que se pretende manejar o analizar.

La aplicación más común de la interpolación en un SIG es la interpolación espacial bidimensional (2D), ya que las capas ráster son entidades bidimensionales. Sin embargo, los métodos de interpolación no se restringen al plano, sino que también pueden extenderse a un número superior de dimensiones para reflejar otras variables, como la profundidad o el tiempo.

Las técnicas de interpolación se dividen en determinísticas y geoestadísticas (Childs, 2004). La interpolación determinística crea superficies basadas en puntos medidos o funciones matemáticas, en donde métodos como la "Distancia Inversa Ponderada" (IDW) se basan en el grado de similitud de las celdas, mientras que métodos como "Trend" se adaptan a una superficie lisa determinada por una función matemática. La interpolación geoestadística, como "Kriging", se basa en estadísticas y se utiliza para predicciones más avanzadas de modelamiento de superficies, que incluye el grado de certeza o exactitud de las predicciones. Existen distintas clasificaciones de los métodos de interpolación geoestadística, de las cuales algunas se pueden consultar en Olaya (2020).

Sin entrar en más detalles sobre los distintos métodos de interpolación, se puede acceder a todos ellos en las siguientes direcciones:

- Geoprocessing > Toolboxes > Spatial Analyst Tools > Interpolation
- Geoprocessing > Toolboxes > Geostatistical Analyst Tools > Interpolation

Como ejemplo respecto a la aplicación de los métodos de interpolación en ArcGIS Pro, la Tabla 5 proporciona datos de precipitación registrados en estaciones meteorológicas ubicadas en diferentes puntos. El objetivo es crear una superficie raster con valores estimados de precipitación para áreas donde no existen estaciones meteorológicas.

Tabla 5. Datos de precipitación y temperatura mensual de una red de estaciones meteorológicas

Estación	UTM_X	UTM_Y	UTM_Z	Precipitación(mm)	Temperatura(°C)
A	694294	9558872	2377	89.4	13.13
B	697901	9563240	2033	40.2	15.51
C	700975	9560679	2218	53.1	14.23
D	694716	9555060	2816	75.9	11.17
E	692138	9559012	2952	72.8	11.07
F	706230	9560170	2850	102.4	10.34
G	699711	9553629	2160	72.5	14.59

Para esto, es necesario tener una capa vectorial de puntos o shapefile para interpolar los datos. Si no existe una capa de puntos, es posible importar coordenadas XY y transformarlas en un shapefile. ArcGIS Pro admite varios formatos de tabla, como archivos de Excel, texto delimitado por tabulaciones (txt), DBF, CSV, entre otros.

11.1.1. Importar una tabla de coordenadas XY (tomadas con un GPS)

Para trabajar con archivos de Excel en ArcGIS Pro, se suele necesitar descargar e instalar Microsoft .NET Desktop Runtime 6.0.5 - Windows x64. Dependiendo de la versión de ArcGIS Pro que se está utilizando, se debe seleccionar el controlador (driver) adecuado para su sistema. Después de la instalación, se recomienda reiniciar el equipo para asegurarse de que la instalación se ha completado correctamente.

Para importar los datos de la Tabla 5 en ArcGIS Pro y crear una capa de eventos, primero hay que dirigirse a la pestaña **"Map > Add Data > XY Point Data"** en un nuevo mapa. A continuación, se deben configurar los campos según se describe en la Figura 81:

- **Input Table**: seleccionar la tabla que contiene los datos de precipitación (Tabla 5), almacenada como un archivo xlsx, xls, csv o txt.
- **X Field:** seleccionar el campo que contiene los valores de longitud (UTM_X).
- **Y Field:** seleccionar el campo que contiene los valores de latitud (UTM_Y).
- **Z Field:** este campo es opcional, pero se puede seleccionar el que contiene los valores de altitud (UTM_Z).
- **Coordinate System:** seleccionar el sistema de coordenadas (en este caso Projected Coordinate Systems > UTM > WGS 1984 > Southern Hemisphere > WGS 1984 UTM Zone 17S).

Figura 81. Importar una tabla con coordenadas UTM en ArcGIS Pro.

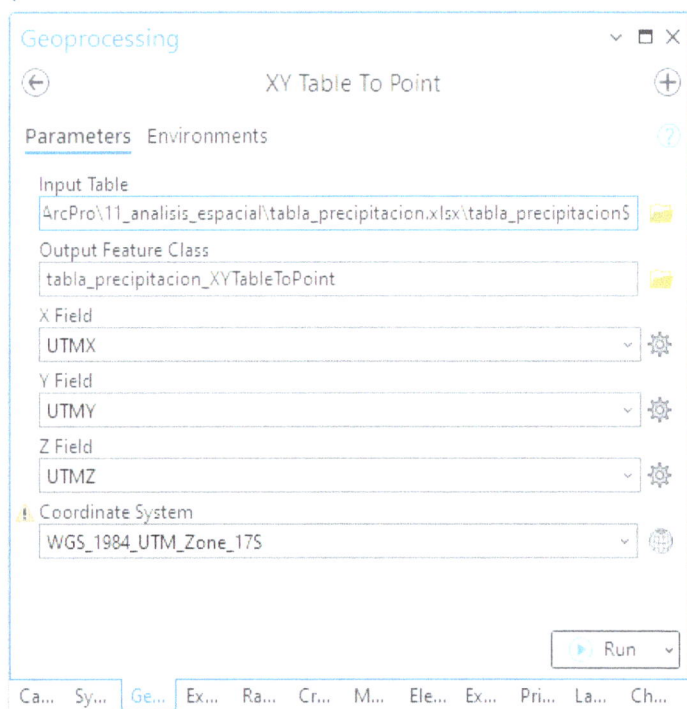

Después de completar el proceso anterior, se generará una capa de eventos. Sin embargo, para almacenar esta capa en formato shapefile en el disco duro, se deben seguir los siguientes pasos: Hacer clic derecho sobre la capa en el panel **"Contents"** y seleccione **"Data > Export Features"**. Así se abrirá una ventana emergente donde se debe seleccionar la dirección y el nombre del archivo para guardar la capa. Si no se permite guardar el archivo en formato shapefile, verifique que el directorio de salida sea una carpeta en lugar de una geodatabase. Este paso es esencial para asegurarse de que la información se almacene en un shapefile.

11.1.2. Interpolar datos de una tabla con Kriging (IDW, Spline)

De las varias opciones de interpolación que permite ArcGIS Pro, el método que se va a utilizar aquí para interpolar la precipitación y la temperatura es el método "**Kriging**". Este se encuentra ubicado en la siguiente dirección:

Geoprocessing > Toolboxes > Spatial Analyst Tools > Interpolation > Kriging

Es fundamental tener en cuenta que la velocidad de ejecución del proceso dependerá tanto de la cantidad de puntos a procesar, así como de los recursos del sistema (computadora). La herramienta de interpolación "**Kriging**" tiene una apariencia similar a otras herramientas de interpolación disponibles en ArcGIS Pro. A continuación, se describe los parámetros requeridos por la herramienta "**Kriging**" (Figura 82):

- **Input point features:** Selecciona la capa de puntos que contiene los valores de precipitación y temperatura (shapefile creado a partir de la Tabla 5).
- **Z value field:** Selecciona el campo que almacena los valores de precipitación o temperatura (si no es posible seleccionar el campo se debe asegurar que el punto (.) esté definido como separador decimal en la configuración regional de Windows).
- **Output surface raster:** Selecciona un directorio o geodatabase para almacenar el archivo ráster de salida (¡Los nombres de los archivos de la ruta no deben tener espacios!).
- **Semivariogram properties:** Permite seleccionar el método de interpolación de Kriging con su respectivo semivariograma.
- **Output cell size:** Establece el tamaño de celda (resolución del mapa resultante).
- **Search radius:** Establece los puntos de entrada para interpolar cada celda.
- **Output variance of prediction raster:** Es un ráster opcional que contiene los valores de semivarianza.

Figura 82. Configuración de los parámetros de la herramienta Kriging.

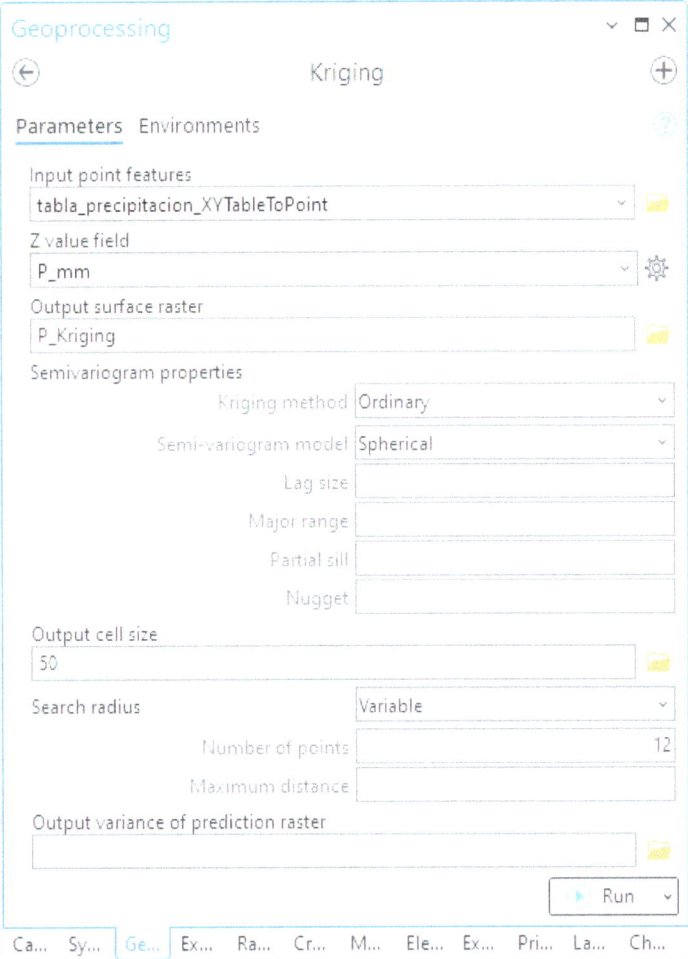

El resultado de la interpolación es una superficie ráster con valores estimados. En la parte izquierda de la Figura *83* se pueden observar los puntos correspondientes a las estaciones meteorológicas, convertidos al formato shapefile. En el lado derecho de la Figura *83* se presenta el mapa resultante de la interpolación como una imagen ráster, que incluye los valores estimados de precipitación para cada celda. Es importante mencionar que este mismo proceso se puede repetir utilizando los valores de la Tabla 5 para obtener una imagen ráster de temperatura.

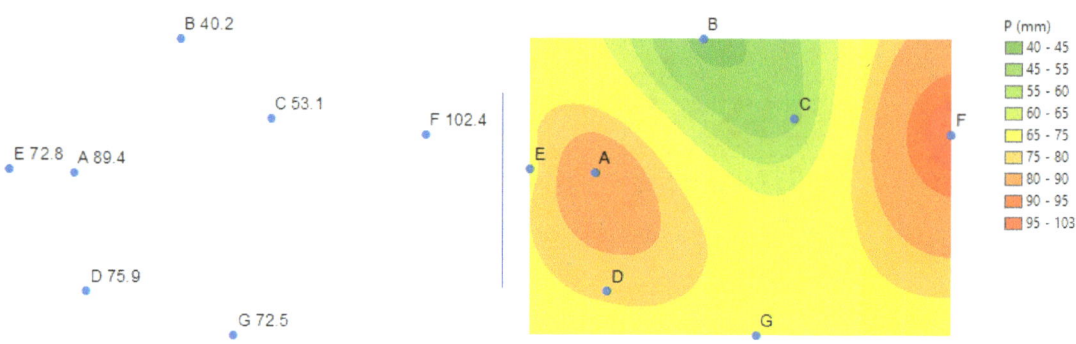

11.2. Modelos Digitales de Elevación (MDE o DEM)

Un Modelo Digital de Elevación (DEM = Digital Elevation Model) es una representación en formato ráster de una superficie continua que se utiliza para describir la topografía de la Tierra (Figura 84). Estos modelos están compuestos por un conjunto de puntos, cada uno con coordenadas en X, Y y Z, que se definen en un sistema de coordenadas específico (Fallas, 2007). En esencia, un DEM es una matriz que almacena la información de la elevación de la superficie terrestre en cada una de sus celdas.

La información que se puede obtener a partir de un DEM es muy valiosa y tiene aplicabilidad en diferentes campos, como la hidrología, análisis de riesgos, planificación urbana, entre otros. Los productos principales que se pueden derivar de un DEM incluyen mapas de pendientes, curvas de nivel, mapas de relieve, mapas de visibilidad, mapas de aspecto, cuencas hidrográficas, cuencas visuales, etc.

En la hidrología, los DEM se utilizan principalmente para delimitar cuencas hidrográficas, calcular la dirección del flujo de agua y estimar la acumulación de agua en cada celda. En análisis de riesgos, los DEM se usan para identificar áreas propensas a deslizamientos, inundaciones o movimientos de tierra. En la planificación urbana, los DEM se utilizan para determinar áreas adecuadas para la construcción de infraestructura, como carreteras y edificios, y para analizar el impacto visual de los proyectos de construcción.

En resumen, los DEM son una herramienta valiosa para comprender la topografía de la Tierra y para generar información útil en varios campos, lo que los convierte en una herramienta esencial para la toma de decisiones en diversos campos de investigación.

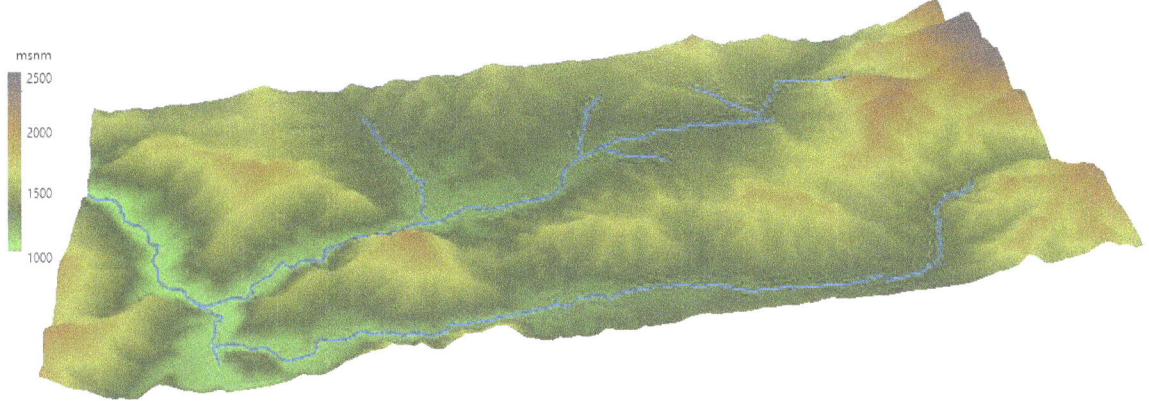

Figura 84. Modelo Digital de Elevaciones.

11.3. Creación de mapas de pendientes

La pendiente es uno de los principales factores que influyen en la configuración del relieve terrestre. Su estudio es de gran importancia en diversas disciplinas como la geomorfología, la hidrología, la cartografía, la planificación territorial, entre otras. Se define como la inclinación de la superficie terrestre entre dos puntos con diferente altitud, y se expresa como la razón matemática entre la diferencia de altitud y la distancia horizontal entre ambos puntos (Hernández, 1998).

La pendiente puede ser medida en porcentaje o en grados sexagesimales. En ArcGIS Pro se puede generar un mapa de pendiente a partir de un DEM con la herramienta **"Slope"** o pendiente y también con la herramienta "Surface Parameters". Como ejemplo, se puede añadir el archivo **"DEM.tif"** disponible en la carpeta **"11_0_analisis_espacial" ("Map > Add Data > Data")** y seleccionar la herramienta **"Slope"** ubicada en la siguiente ruta:

Geoprocessing > Toolboxes > Spatial Analyst Tools > Surface > Slope

La herramienta **"Slope"** (Figura 85) permite calcular la pendiente de una superficie a partir de un DEM. A continuación, se describen los parámetros necesarios para configurar esta herramienta:

- **Input raster:** Selecciona la capa que contiene el DEM de entrada.
- **Output raster:** Elige un directorio o geodatabase donde se almacenará el archivo ráster de pendientes resultante.
- **Output measurement:** Selecciona **"Degree"** para obtener la pendiente en grados decimales o **"Percent rise"** para obtenerla en porcentaje.

93

- **Z factor:** Este factor es opcional y se utiliza para asegurar que las unidades lineales Z coincidan con las unidades lineales XY.

- **Target device for analysis:** Selecciona el uso de la GPU, CPU o ambos para llevar a cabo el análisis.

Figura 85. Configuración de parámetros de la herramienta "Slope".

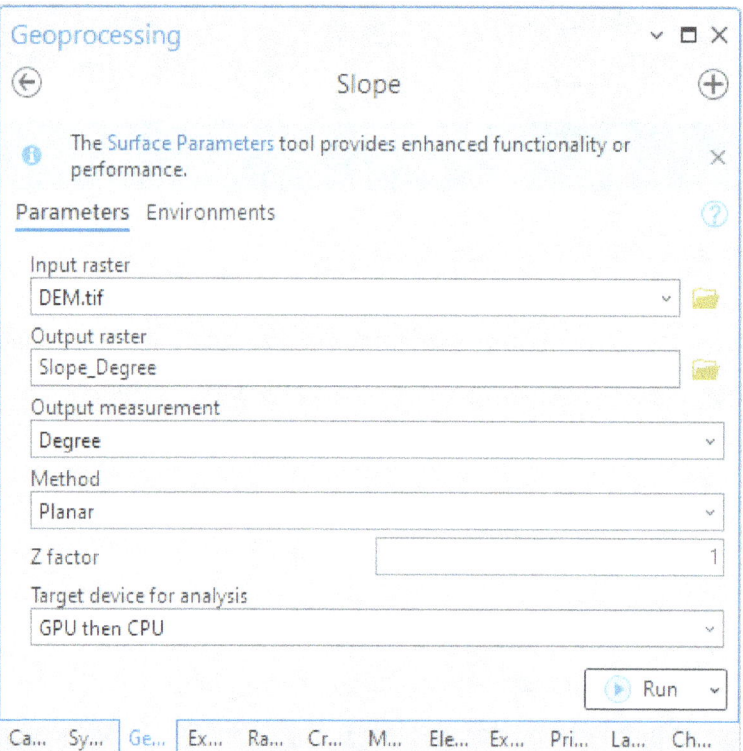

El resultado de esta herramienta es un ráster de pendiente, en el cual se representan las diferentes inclinaciones del terreno en forma de gradiente de colores, siendo las zonas más planas de menor pendiente (aquí: verde) y las zonas más empinadas de mayor pendiente (aquí: rojo; Figura 86). El mapa de pendiente es un producto fundamental para el análisis de la topografía y la caracterización de la superficie terrestre en diferentes ámbitos.

Figura 86. Ráster de pendientes en grados.

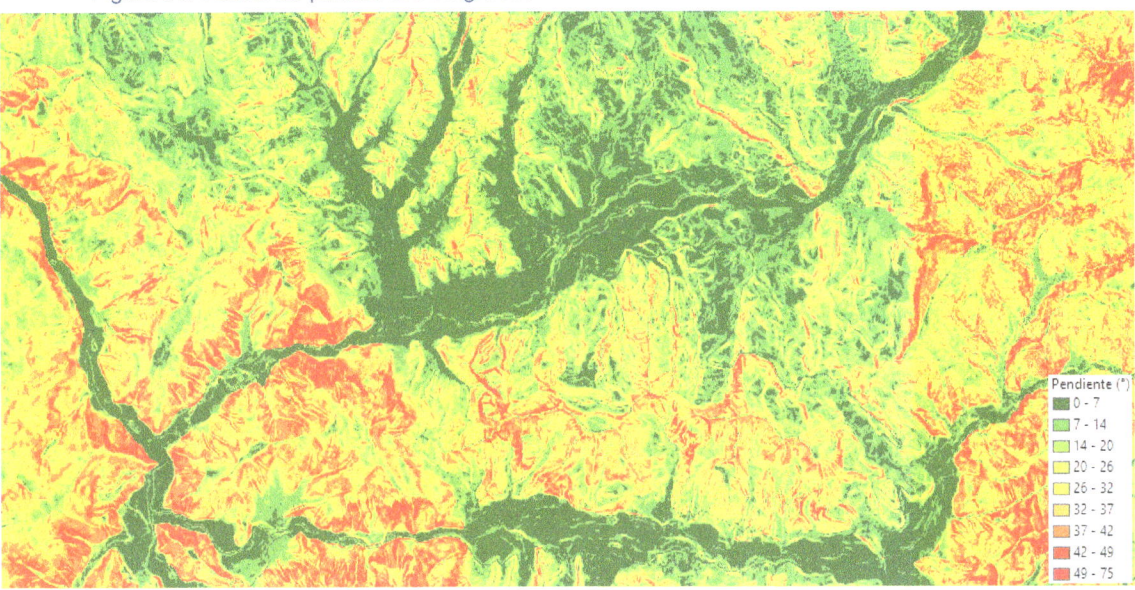

11.4. Reclasificaciones

La herramienta **"Reclassify" o** reclasificación tiene la capacidad de modificar los valores de un ráster mediante la sustitución de la información existente por nuevos valores. Esto es aplicable a cualquier variable almacenada en formato ráster, como pendiente, elevación, precipitación, temperatura, entre otras.

Para llevar a cabo esta práctica, se utiliza el mapa de pendiente creado anteriormente y la clasificación propuesta por la FAO (2009), lo cual implica la reagrupación de los valores del ráster de pendientes en clases (Figura 87). La Tabla 6 proporciona ocho clases diferentes, cada una de las cuales contiene los valores de pendiente expresados en porcentaje y grados decimales.

Tabla 6. Clases de gradiente de la pendiente

Clase*	Descripción	Porcentaje (%)	Grados (°)
01	Plano	0 - 1	0 - 0.57
02	Muy ligeramente inclinado	1 - 2	0.57 - 1.15
03	Ligeramente inclinado	2 - 5	1.15 - 2.86
04	Inclinado	5 -10	2.86 - 5.71
05	Fuertemente inclinado	10 - 15	5.71 - 8.53
06	Moderadamente escarpado	15 - 30	8.53 - 16.70
07	Escarpado	30 - 60	16.70 - 30.96
08	Muy escarpado	> 60	> 30.96

* La clase 01 es un consolidado de las tres primeras clases de gradiente de (FAO, 2009).

Para ejecutar la reclasificación se debe abrir la herramienta **"Reclassify"** en la siguiente ruta:

Geoprocessing > Toolboxes > Spatial Analyst Tools > Reclass > Reclassify

Para configurar la herramienta **"Reclassify"** (Figura 87), se deben ajustar los siguientes parámetros:

- **Input raster:** selecciona la capa que contiene el ráster de pendientes.
- **Reclass field:** elige el campo que contiene los valores de pendiente, que por defecto suele ser "VALUE".
- **Reclassification:** dentro de esta sección, al hacer clic en el botón **"Classify"**, se abre una ventana emergente de clasificación (Figura 87 derecha), donde se pueden ajustar los valores de las clases. Por defecto, en **"Method"** aparece **"Natural Breaks (Jenks)"**. Se puede seleccionar el método de clasificación de su preferencia y, en **"Classes"**, definir el número de clases (en este caso 8). Después, se opta por el método manual, que permite ingresar manualmente los límites de cada clase (Tabla 6).
- **Output raster:** selecciona un directorio o geodatabase para almacenar el archivo ráster reclasificado de pendiente.

Figura 87. Configuración de parámetros de la herramienta "Reclassify".

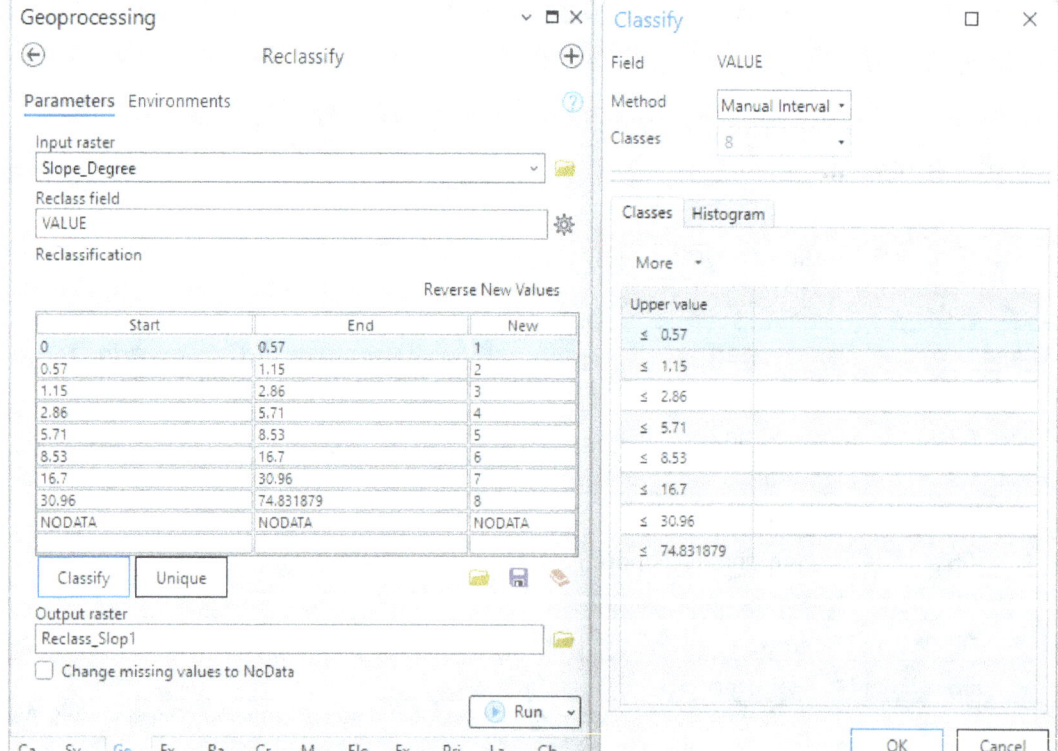

El resultado de la ejecución de la herramienta es un nuevo ráster que contiene los valores reclasificados, según los rangos o límites establecidos para cada clase. Este nuevo ráster puede ser utilizado para crear mapas temáticos que muestren la distribución espacial de la variable reclasificada de pendiente en un área determinada (Figura 88).

Figura 88. Ráster de pendiente en grados reclasificado en ocho categorías.

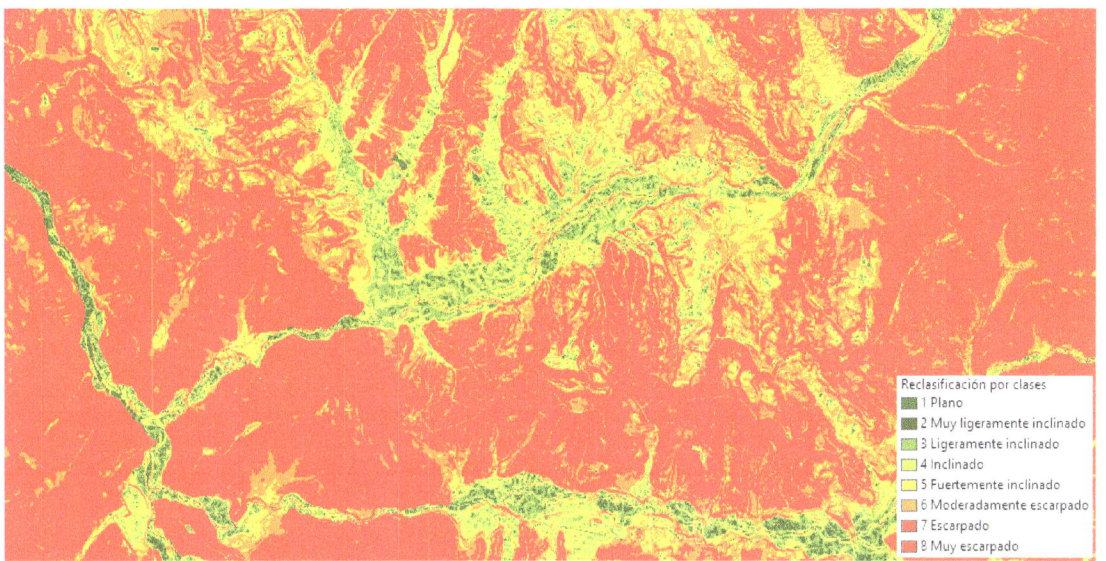

11.5. Generación de contornos (curvas de nivel)

Los contornos, también conocidos como isolíneas, son líneas que unen puntos de igual valor y son utilizados para representar fenómenos continuos (Huisman & A. de By, 2009). Las isolíneas pueden tener términos específicos según el fenómeno que representan. Por ejemplo, cuando se las usan para representar la elevación, se denominan "curvas de nivel" (Figura 89), mientras que para la presión atmosférica se llaman "isobaras". Las isolíneas para la precipitación son "isoyetas", y las "isotermas" son las líneas que conectan puntos con valores iguales de temperatura. Además, existen las "isócronas", que son las líneas que indican la igualdad de tiempo en un mapa (Olaya, 2020).

Los contornos son especialmente útiles para visualizar y comprender la topografía de una región. En un mapa topográfico las curvas de nivel representan la altitud de la superficie terrestre, lo que permite identificar la existencia de montañas, valles, mesetas y otras formas de relieve. Por otro lado, los contornos pueden ser usados para analizar la distribución de fenómenos, como la precipitación, la temperatura o la presión atmosférica. En resumen, los contornos son una herramienta fundamental para la visualización y análisis de datos geográficos en un mapa.

Figura 89. Capa de curvas de nivel (m s.n.m.).

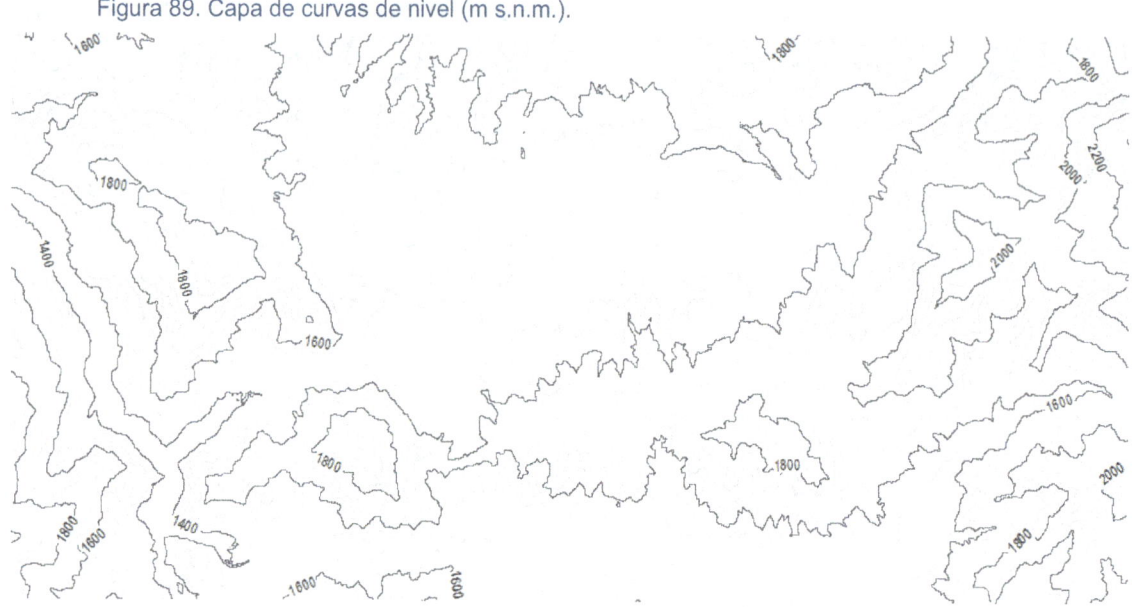

El proceso para generar isolíneas de todo tipo es similar. en este caso, se requiere crear curvas de nivel en base de un DEM como información de entrada. Las isolíneas se generan con la herramienta **"Contour"**, ubicada en:

Geoprocessing > Toolboxes > Spatial Analyst Tools > Surface

Para configurar los parámetros de la herramienta **"Contour"** (Figura 90), se debe seguir los siguientes pasos:

- **Input raster:** selecciona el ráster que contiene los valores a partir de los cuales se generarán las curvas de nivel (Un DEM para crear curvas de nivel, un ráster de precipitación para isoyetas, un ráster de temperatura para isotermas).
- **Output features class:** selecciona el directorio o geodatabase donde se almacenará la capa de líneas resultante.
- **Contour interval:** define el intervalo entre isolíneas. Es importante tomar en cuenta la resolución del ráster; por ejemplo, si el DEM tiene una resolución de 30 metros, no se recomienda crear curvas de nivel menores a 30 metros.
- **Base contour:** opcionalmente, se puede asignar un valor de nivel base.
- **Z factor:** opcionalmente, se puede asignar un factor de conversión para generar las líneas de contorno en una unidad diferente a la del ráster original.
- **Contour type:** permite definir el tipo de contornos, así como el número máximo de vértices por línea.

Figura 90. Configuración de los parámetros de la herramienta "Contour".

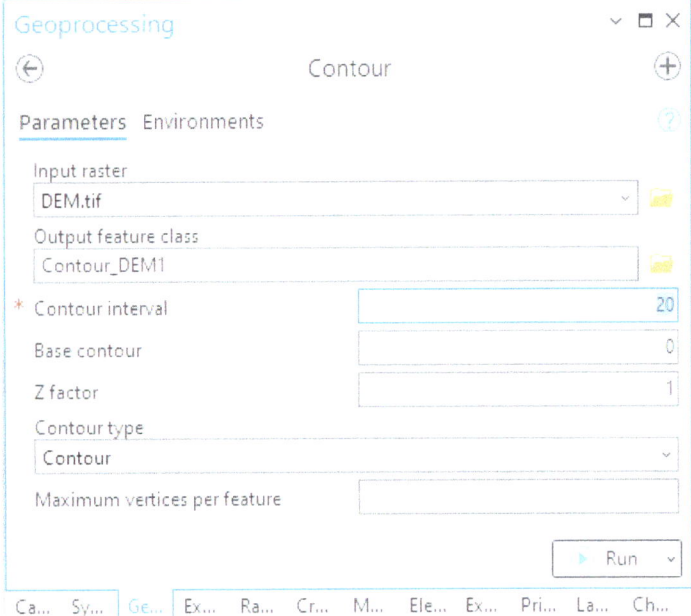

11.6. Mapa de sombras (Hillshade)

Un mapa de sombras es una técnica de sombreado que se utiliza para resaltar la topografía de un área determinada. Esta técnica simula la posición y la intensidad de la luz solar sobre el terreno, lo que permite crear una imagen en la que se distinguen las áreas iluminadas y oscuras, lo que mejora la visualización de las características topográficas en una imagen ráster. Esta técnica puede ser muy útil para identificar detalles topográficos como crestas, valles y pendientes. Además, puede ayudar en la interpretación de la forma del terreno, que es especialmente útil en la planificación urbana, la gestión ambiental, los estudios geológicos, entre otros.

Con la herramienta **"Hillshade"** se puede obtener de una forma sencilla un mapa de sombras a partir de un DEM. En el apartado 9.3 se explica detalladamente el procedimiento para usar esta herramienta, la cual solo requiere el DEM como entrada. En este caso, se utilizó el archivo **"DEM.tif"** de la carpeta "**11_0_analisis_espacial**", obteniendo un resultado como se muestra en la Figura 91. Como se puede observar en la Figura 91, el resultado es una imagen con un efecto tridimensional que facilita la interpretación de la forma del terreno. Esto puede ser importante para la toma de decisiones en diversos campos relacionados con la gestión del territorio y el medio ambiente.

La herramienta **"Hillshade"** se encuentra en la siguiente ruta:

Geoprocessing > Toolboxes > Spatial Analyst Tools > Surface

99

Figura 91. Mapa de sombras generado con la herramienta "Hillshade".

11.7. Cuenca visual

Las cuencas visuales son áreas de terreno que pueden ser vistas desde una determinada posición, como una montaña, un edificio o punto de observación. Se utilizan comúnmente en análisis de paisajes y planificación urbana para determinar qué áreas son visibles o no visibles desde un punto de vista determinado.

Las cuencas visuales se aplican en diversas áreas, incluyendo la evaluación de recursos naturales, como la identificación de áreas con alta calidad visual para el ecoturismo o la determinación de áreas críticas de hábitat visual para especies en peligro de extinción. También, se utilizan para analizar la visibilidad de un punto de interés o de un objeto en un área geográfica determinada, lo que permite tomar decisiones sobre la ubicación de proyectos específicos, como antenas de telecomunicaciones, puestos de control militar y miradores urbanos. Además, se aplican para el avistamiento de aves y otras actividades que requieren un análisis detallado de la visibilidad en un espacio geográfico.

Hay varias herramientas disponibles para el análisis de cuencas visuales, sin embargo, en este ejemplo se utiliza la herramienta **"Geodesic Viewshed"**, que se encuentra en:

Geoprocessing > Toolboxes > Spatial Analyst Tools > Surface

La Figura 92 muestra la configuración de la herramienta **"Geodesic Viewshed"** utilizando el archivo **"DEM.tif"** ubicado en la carpeta **"11_0_analisis_espacial"**. Los parámetros para configurar son:

- **Input raster:** Selecciona el DEM como entrada.

- **Input point or polyline observer features:** Selecciona una capa de puntos o líneas desde donde se desea crear la cuenca visual. Este punto también se puede dibujar directamente en el mapa, haciendo clic en el ícono del lápiz.

- **Output raster:** Selecciona el directorio o geodatabase donde se almacenará la capa resultante de líneas.

- **Target device for análisis:** Selecciona el uso de la GPU, CPU o ambos para llevar a cabo el análisis.

- Para una configuración avanzada, es posible personalizar los parámetros **"Viewshed parameters"** determinan las condiciones para calcular las áreas visibles, mientras que **"Observer parameters"** especifican las propiedades del punto de observación, como la altura.

Figura 92. Configuración de la herramienta "Geodesic Viewshed".

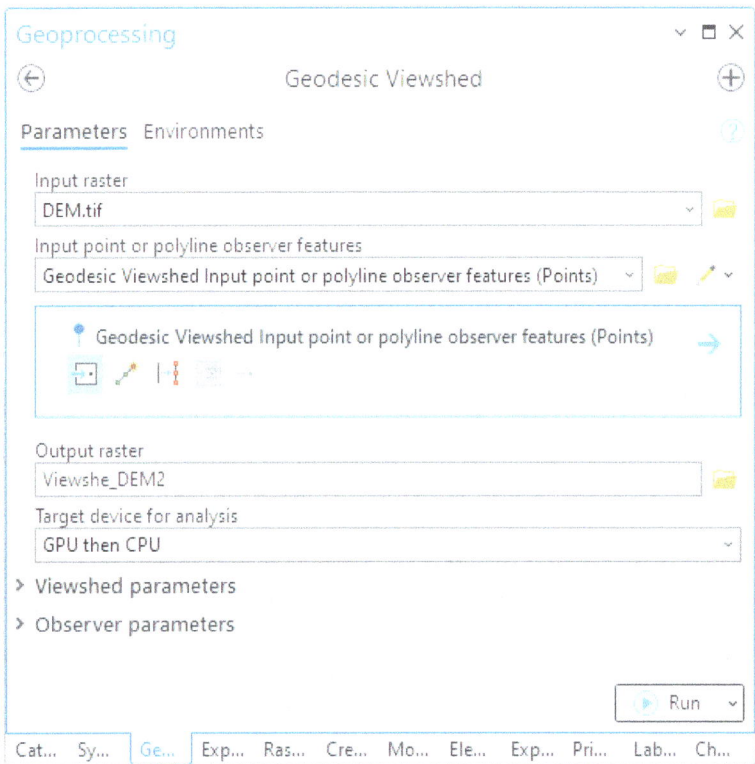

En la Figura 93 se puede apreciar el resultado de la cuenca visual. El punto azul representa la ubicación del observador, mientras que el área resaltada en verde corresponde a las zonas que son visibles desde dicho punto.

¿Cómo puedo saber la resolución de un archivo ráster en ArcGIS Pro?

En el panel "Contents", clic derecho sobre la capa ráster y selecciona "Properties", dirigirse a "Source" y buscar la información de resolución en los campos "Cell Size X" y "Cell Size Y" en la sección "Raster Information".

11.8. Algebra de mapas

La calculadora de capas ráster o calculadora ráster es una herramienta que permite realizar operaciones y expresiones algebraicas utilizando varias herramientas y operadores a través de una interfaz similar a la de una calculadora simple. La herramienta **"Raster Calculator"** es muy versátil y potente, lo que la hace ideal para realizar análisis geográficos complejos en la elaboración de mapas. Sin embargo, el rendimiento de las ecuaciones dependerá de los operadores o herramientas que se utilicen en una expresión. En general, es más rápido procesar los datos si se ejecutan los operadores o herramientas de manera individual (ESRI, 2016c). La herramienta **"Raster Calculator"** se encuentra en las siguientes rutas:

Geoprocessing > Toolboxes > Spatial Analyst Tools > Map Algebra > Raster Calculator

Geoprocessing > Toolboxes > Image Analyst Tools > Map Algebra > Raster Calculator

Es posible crear una capa ráster a partir de un algoritmo de asignación de valores numéricos a los píxeles que la componen, o se puede derivar de una o varias capas ráster preexistentes. Un ejemplo sencillo de su uso es multiplicar todos los píxeles de una capa ráster por un factor determinado (Figura 94). En la parte izquierda se encuentra el mapa ráster inicial y, a través de una operación simple, se multiplica cada píxel de la capa por el factor 5. El resultado se almacena en una nueva capa ráster (Figura 94 derecha), lo que da la posibilidad de crear diferentes capas ráster que contengan información de interés para el análisis geográfico.

Figura 94. Funcionamiento básico de algebra de mapas.

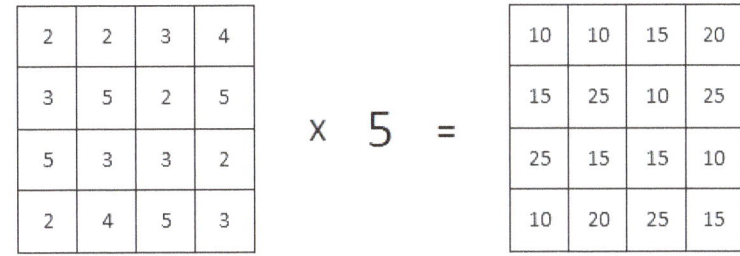

Otro ejercicio, que tiene como objetivo familiarizarse con el uso de expresiones algebraicas mediante la herramienta de calculadora ráster ("**Raster Calculator**") es transformar la capa de temperatura interpolada en grados Celsius (°C; Tabla 5, Sección 11.1; Figura 96 izquierda en grados Fahrenheit (°F; Figura 96 derecha). Para lograr esta conversión se debe utilizar la siguiente ecuación dentro de la calculadora ráster:

$$F = \left(C * \frac{9}{5}\right) + 32$$

dónde:

F = Temperatura en grados Fahrenheit
C = Temperatura en grados Celsius

A continuación, se presenta la configuración de la herramienta "Raster Calculator" (Figura 95):

- **Rasters:** muestra una lista de capas ráster disponibles para usar en la expresión algebraica de mapas.

- **Tools:** permite agregar operaciones matemáticas y lógicas en la expresión. Se pueden introducir números u operadores dentro de la expresión. También se muestra una lista de herramientas, como seno, coseno y tangente, para usar en cualquier parte de la expresión.

- **Expresión:** permite crear un conjunto de reglas para ejecutar una expresión válida. No es necesario colocar el signo "igual" (=) al inicio de la expresión. Para convertir grados Celsius a Fahrenheit se debe reemplazar **"C"** por el nombre de la imagen ráster: **("Kriging_T_°C" * 9 / 5) + 32** y agrupar las expresiones algebraicas con paréntesis.

- **Output raster:** permite seleccionar un directorio o geodatabase para almacenar el archivo ráster generado por la expresión resultante.

Figura 95. Configuración de expresiones en Raster Calculator.

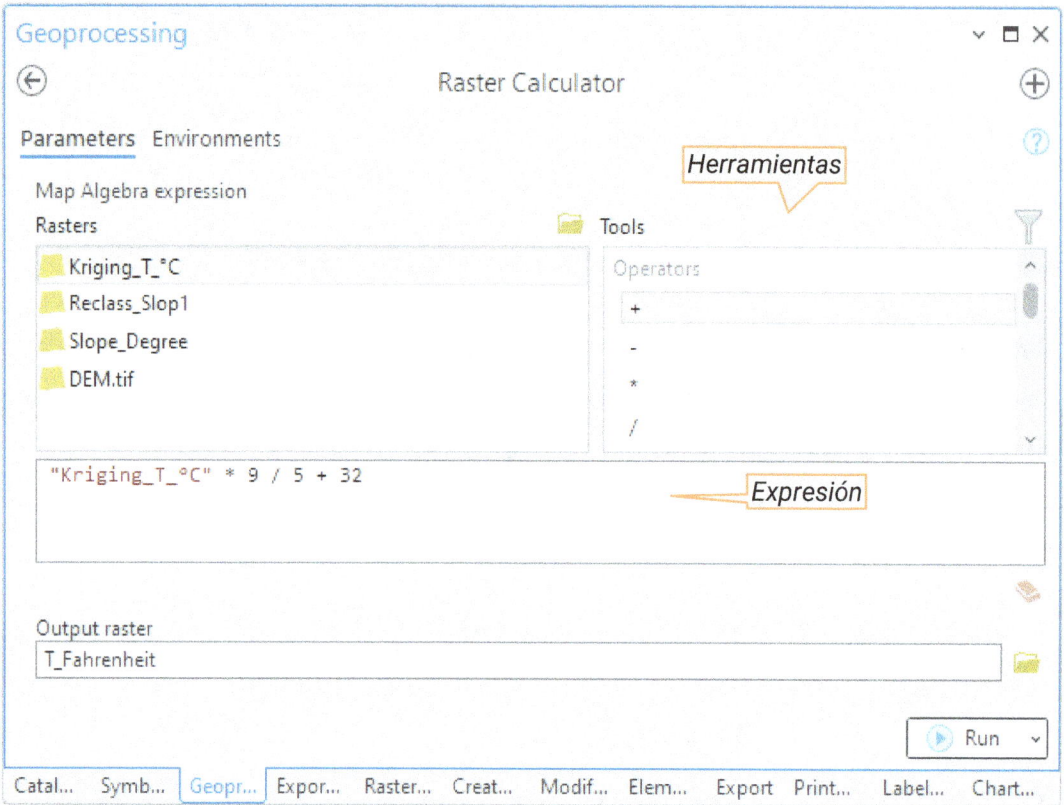

El resultado de la ejecución de la herramienta "Raster Calculator" para convertir la temperatura de grados Celsius a grados Fahrenheit es un nuevo ráster que contiene los valores convertidos. Este nuevo ráster puede ser utilizado para crear mapas temáticos que muestren la distribución espacial de la variable de temperatura en grados Fahrenheit en un área determinada, ver Figura 96.

Figura 96. Ráster de temperatura en °C (izquierda). Ráster de temperatura en °F obtenido a través de una expresión de algebra de mapas (derecha).

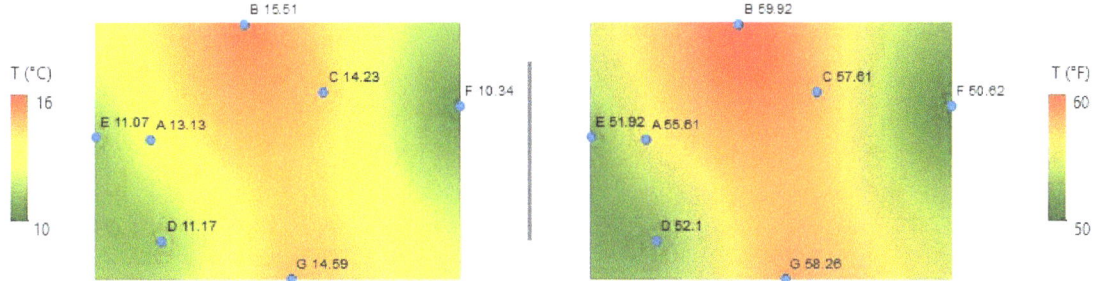

Figura 96. Ráster de temperatura en °C (izquierda). Ráster de temperatura en °F obtenido a través de una expresión de algebra de mapas (derecha).

11.9. Delimitación de una cuenca hidrográfica

La delimitación manual de una cuenca hidrográfica ya sea mediante el análisis de curvas de nivel o a partir de un mapa topográfico es un proceso bastante tedioso y lento, y requiere de conocimientos avanzados en hidrología y topografía. En este procedimiento se deben identificar las líneas de cresta de una cuenca y trazar a partir de ellas el perímetro de la cuenca.

En general, la delimitación de una cuenca manualmente lleva solo a resultados aproximados, dependiendo de las habilidades y la experiencia del analista. ArcGIS Pro dispone de diversas herramientas que permiten delimitar cuencas hidrográficas de forma automática y eficiente. Estas herramientas emplean datos ráster de elevación, como un DEM, y también permiten calcular otros parámetros hidrológicos, como la dirección y acumulación del flujo de agua. A partir de esta información, se puede crear una red de drenaje y delimitar cuencas hidrográficas de forma casi infalible (Figura 97).

Figura 97. Cuenca hidrográfica delimitada automáticamente usando ArcGIS Pro.

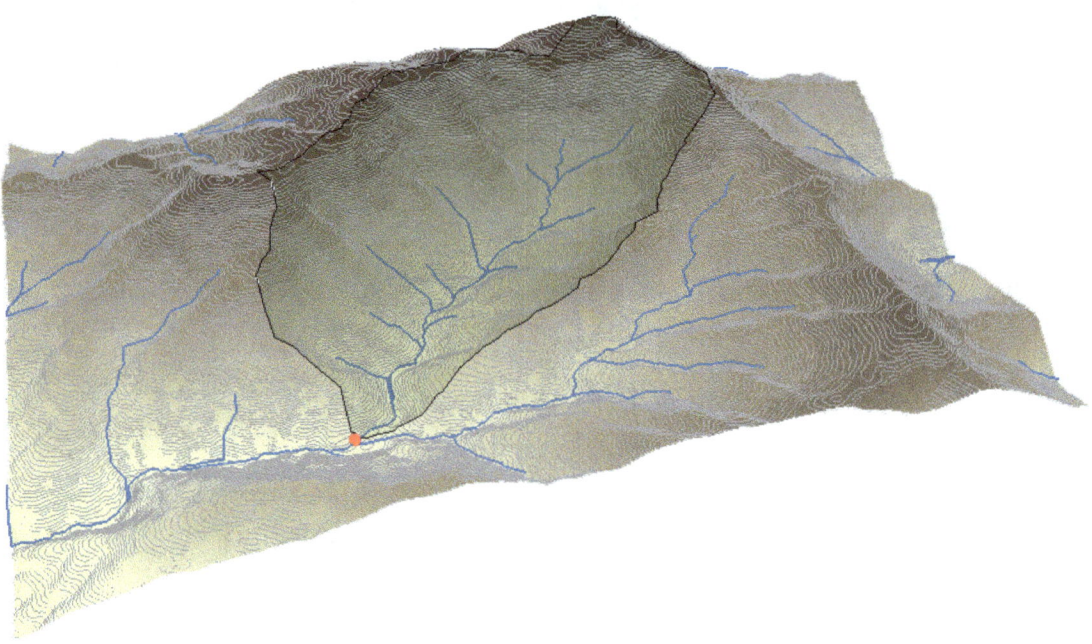

En resumen, las herramientas de hidrología de ArcGIS Pro ofrecen la ventaja de delimitar cuencas hidrográficas con rapidez y precisión, a diferencia del método manual. Además, estas herramientas permiten analizar y visualizar la red de drenaje y las características hidrológicas de la cuenca, lo que resulta de gran utilidad en la gestión de recursos hídricos y la planificación territorial. A continuación, se presenta el procedimiento para delimitar una cuenca hidrográfica, utilizando el archivo **"DEM_cuenca.tif" ("Map > Add Data > Data")** que se encuentra en la carpeta **"11_10_cuenca"**. Las herramientas de hidrología se encuentran en la siguiente ruta:

Geoprocessing > Toolboxes > Spatial Analyst Tools > Hydrology

El primer paso consiste en utilizar la herramienta **"Fill"** para corregir los errores o celdas sin datos en el DEM (aquí: archivo **"DEM_cuenca.tif")**. Esta herramienta elimina los vacíos o depresiones en el terreno que pueden afectar el flujo de agua al crear una superficie continua y más precisa. La herramienta identifica las áreas de depresión y rellena los agujeros automáticamente. Para utilizarla, simplemente se ingresa el DEM como dato de entrada y se selecciona el directorio o geodatabase donde se almacenará el resultado (Figura 98)

Geoprocessing > Toolboxes > Spatial Analyst Tools > Hydrology > Fill

Figura 98. Configuración de la herramienta "Fill".

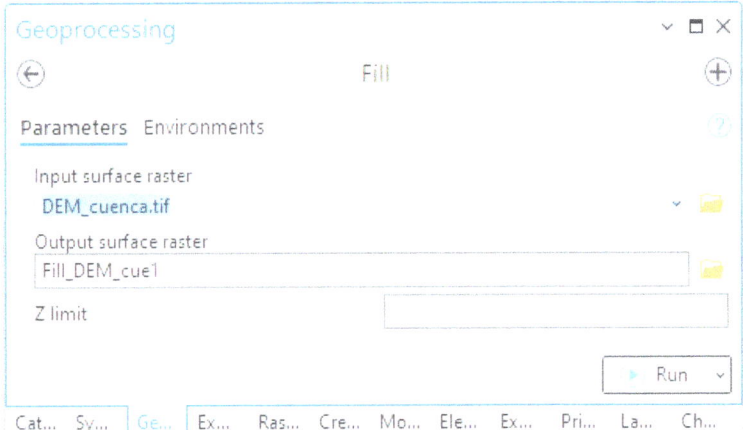

El siguiente paso consiste en establecer la dirección del flujo hidrológico según la pendiente mediante la herramienta **"Flow Direction"**. Esta herramienta define la dirección del flujo de agua en cada celda del terreno a partir del DEM corregido previamente con la herramienta **"Fill"**. El tipo de dirección más comúnmente utilizado es D8, que indica que el flujo puede ocurrir en ocho direcciones diferentes a partir de cada celda. Para utilizar la herramienta, se debe seleccionar el "**DEM_Fill**" como capa de entrada ráster y establecer el tipo de dirección como D8 (Figura 99). La ruta a la herramienta es:

Geoprocessing > Toolboxes > Spatial Analyst Tools > Hydrology > Flow Direction

Figura 99. Configuración de la herramienta "Flow Direction".

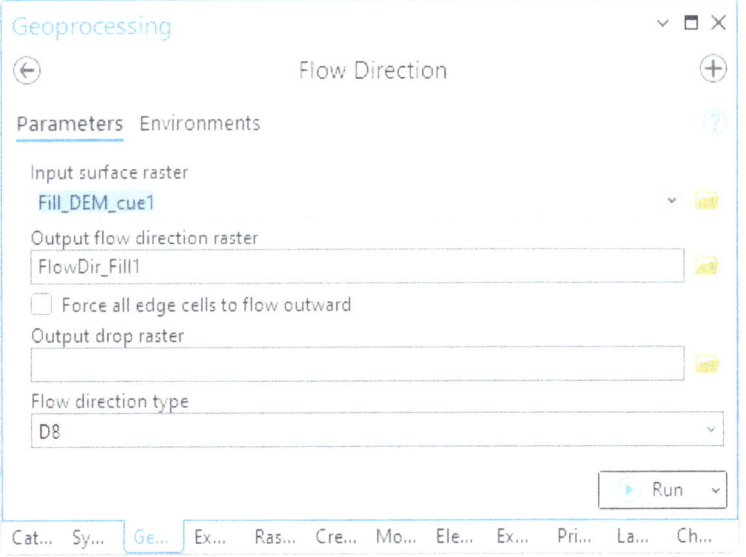

Para determinar la acumulación del flujo en las celdas; es decir, el agua que fluye hacia cada celda descendiendo sobre la pendiente, se utiliza la herramienta **"Flow Accumulation"**. Esta herramienta utiliza el ráster de dirección de flujo ("**Flow Direction**")

como entrada (Figura 100) y calcula la cantidad de flujo que llega a cada celda, Así se puede determinar las áreas de mayor acumulación de agua en la cuenca. La herramienta se encuentra en la siguiente ruta:

Geoprocessing > Toolboxes > Spatial Analyst Tools > Hydrology > Flow Accumulation

Figura 100. Configuración de la herramienta "Flow Accumulation".

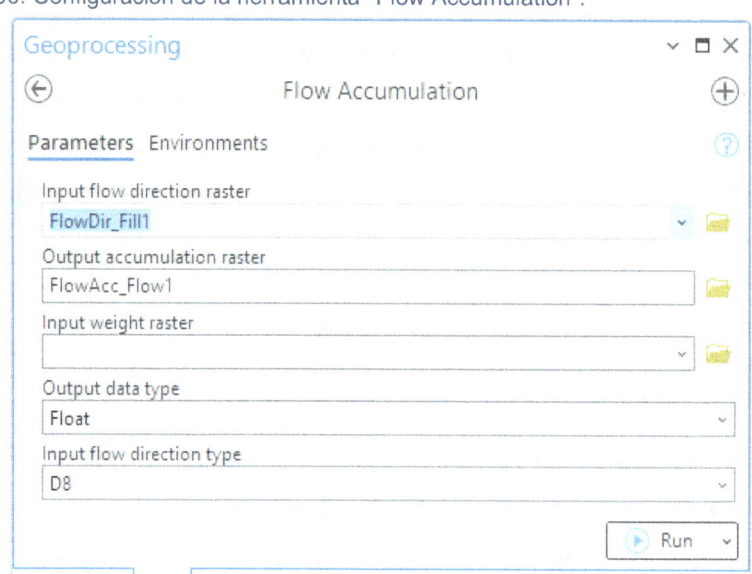

Una vez que obtenido el flujo de acumulación, que a menudo es difícil de visualizar debido al fondo oscuro, se puede proceder a la construcción automática de la red hídrica mediante el uso de un condicional (herramienta **"Con"**). La herramienta **"Con"**, permite la clasificación de celdas con acumulación de flujo superior a un umbral específico definido por el usuario. Sin embargo, la densidad de la red depende de las especificaciones del ráster.

Para configurar adecuadamente la herramienta **"Con"**(Figura 101), se debe seleccionar el ráster de acumulación en el campo **"Input conditional raster"**. En el campo **"Expression"**, se debe ingresar la expresión requerida, como por ejemplo: **Value > 5000** (Where VALUE is greater than 5000), en donde el valor (**"VALUE"**) utilizado en esta expresión depende de la resolución del ráster (= tamaño del pixel). En el campo **"Input true raster or constant value",** se debe colocar el valor 1. En el campo **"Output raster",** se debe indicar el nombre y directorio de salida. La herramienta **"Con"** se encuentra ubicada en la siguiente dirección:

Geoprocessing > Toolboxes > Spatial Analyst Tools > Conditional > Con

Figura 101. Configuración de la herramienta "Con".

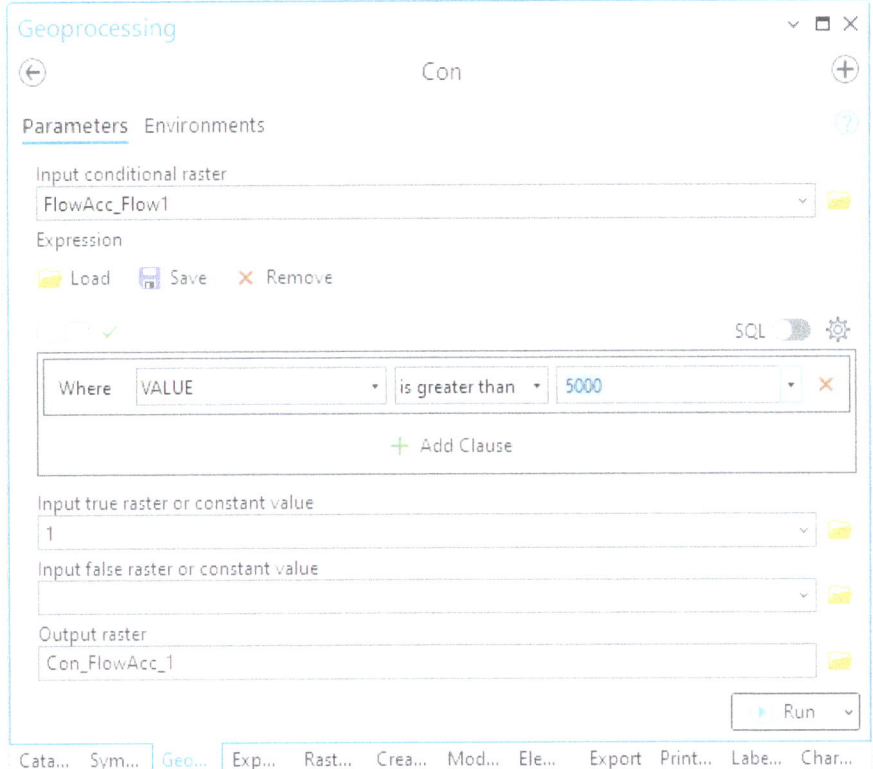

La Figura 102 muestra un ejemplo de la configuración de la expresión, donde a la izquierda se utilizó la expresión VALUE > 5000, lo que resultó en una red de drenaje muy densa, mientras que en el lado derecho se utilizó un valor más alto (VALUE > 30000), obteniendo una red de drenaje menos densa. Se recomienda experimentar con diferentes valores de la expresión para lograr el resultado deseado.

Figura 102. Uso de diferentes expresiones en la herramienta "Con".

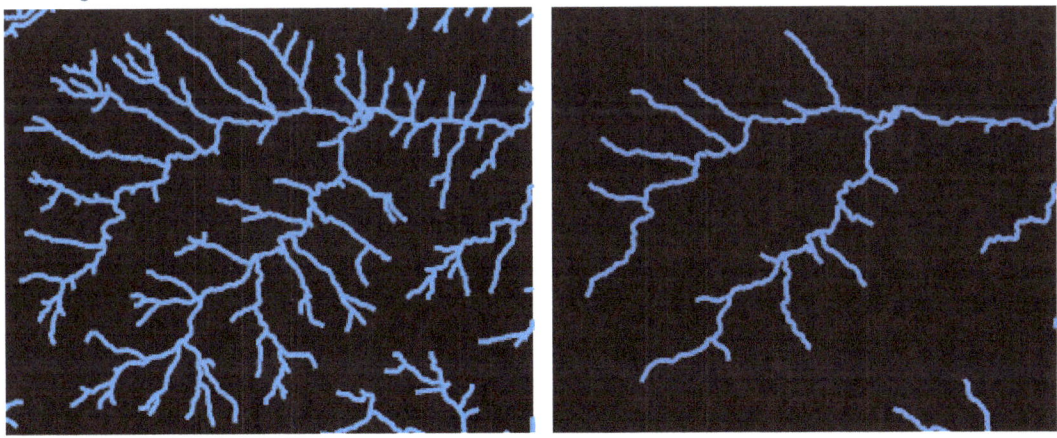

Después de haber obtenido la red hídrica en los pasos anteriores, es posible utilizar la herramienta **"Stream Link"** para crear una red de flujo de agua continua a partir de la red hídrica fragmentada generada. Esta herramienta permite generar vínculos entre los segmentos de la red hídrica para representar el flujo continuo real del agua.

Para utilizar "**Stream Link**" se requiere como datos de entrada los ráster obtenidos con el condicional ("**Con**") y el ráster de dirección ("**Flow Direction**"), como se muestra en la Figura 103. La herramienta se encuentra en la siguiente ruta:

Geoprocessing > Toolboxes > Spatial Analyst Tools > Hydrology > Stream Link

Figura 103. Configuración de la herramienta "Stream Link".

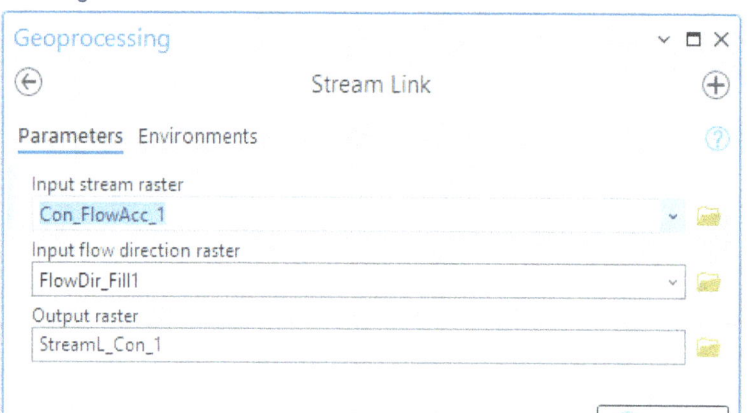

La herramienta "**Stream Order**" permite asignar el orden o jerarquía a cada segmento de una red hídrica (arroyo, rio) en función de su posición en la red. Esta herramienta utiliza como dato de entrada el ráster obtenido con "**Stream Link**" y el ráster de dirección obtenido con "**Flow Direction**". En base de estos rásteres se puede calcular el orden de los segmentos mediante los métodos de Strahler o Shreve (Figura 104).

El método de Strahler asigna un orden de 1 a los segmentos que no tienen afluentes, y se les suma un orden adicional a medida que se juntan dos o más segmentos de igual orden. En cambio, en el método de Shreve, los segmentos reciben un orden basado en la cantidad de afluentes que tienen. De este modo los segmentos de primer orden son aquellos que no tienen afluentes y los segmentos de orden superior son aquellos que reciben dos o más segmentos de orden inferior (OpenAI, 2021).

La herramienta "**Stream Order**" se encuentra en la siguiente dirección:

Geoprocessing > Toolboxes > Spatial Analyst Tools > Hydrology > Stream Order

Figura 104. Configuración de la herramienta "Stream Order".

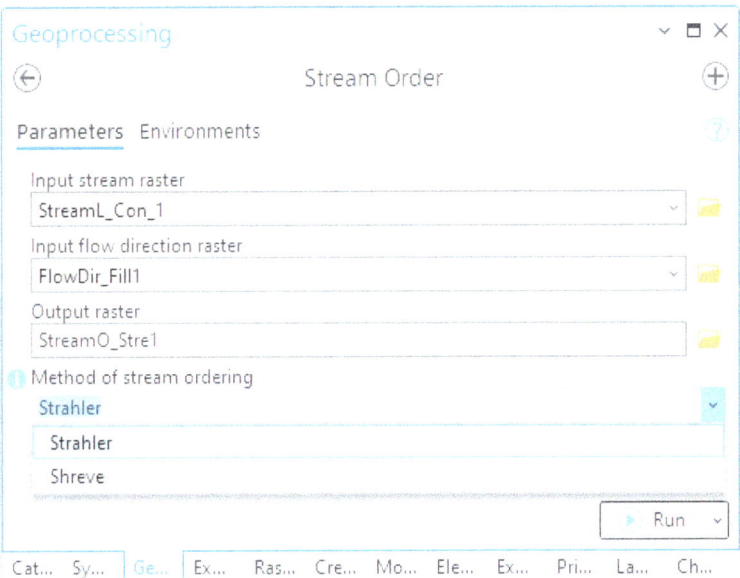

Hasta el momento, la red hídrica se encuentra en formato ráster. Para convertirla a formato vectorial (shapefile), se utiliza la herramienta **"Stream to Feature"**. Para ello, se debe seleccionar el ráster obtenido con "**Stream Order**" en "Input stream raster" y el ráster de dirección obtenido con "**Flow Direction**" en "Input Flow direction raster" (Figura 105). La ruta para acceder a la herramienta es la siguiente:

Geoprocessing > Toolboxes > Spatial Analyst Tools > Hydrology > Stream to Feature

Figura 105. Configuración de la herramienta "Stream to Feature".

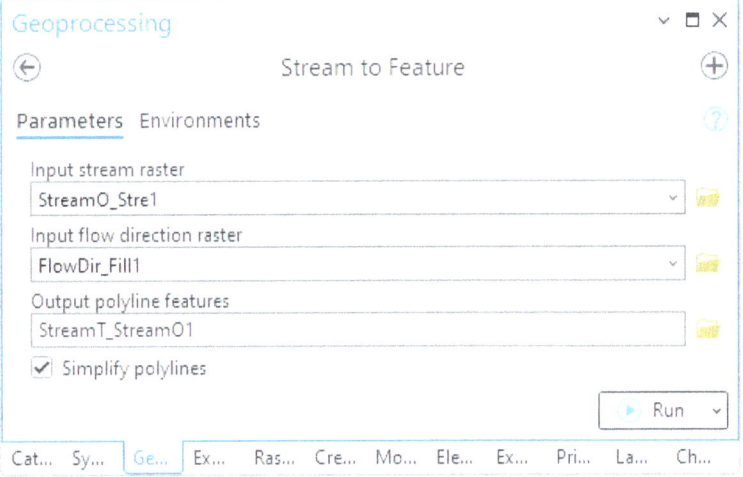

Para asignar el punto de descarga o punto de salida en una red de drenaje de una cuenca hidrográfica, es necesario utilizar la herramienta **"Snap Pour Point"**. Para comenzar, es necesario crear una capa de puntos (revisar apartado 7) y dibujar el punto exactamente

sobre el punto de salida de la cuenca hidrográfica, caso contrario se debe establecer la distancia necesaria para llegar al arroyo (Figura 106).

Una vez creado el punto, este debe ser ingresado en el campo **"Input raster or feature pour point data"** de la herramienta, mientras que en el campo **"Input accumulation raster"** se debe seleccionar el ráster de acumulación correspondiente ("**Flow Accumulation**"). La opción **"Snap distance"** define la distancia requerida para que el punto alcance el arroyo. En este contexto, se utiliza "0" ya que el punto ya se sitúa directamente sobre el arroyo. Pero si el arroyo se encontrara a una distancia de 10 metros, entonces se colocaría 10 u 11. La herramienta "**Snap Pour Point**" se encuentra en la siguiente ruta:

Geoprocessing > Toolboxes > Spatial Analyst Tools > Hydrology > Snap Pour Point

Figura 106. Configuración de la herramienta "Snap Pour Point".

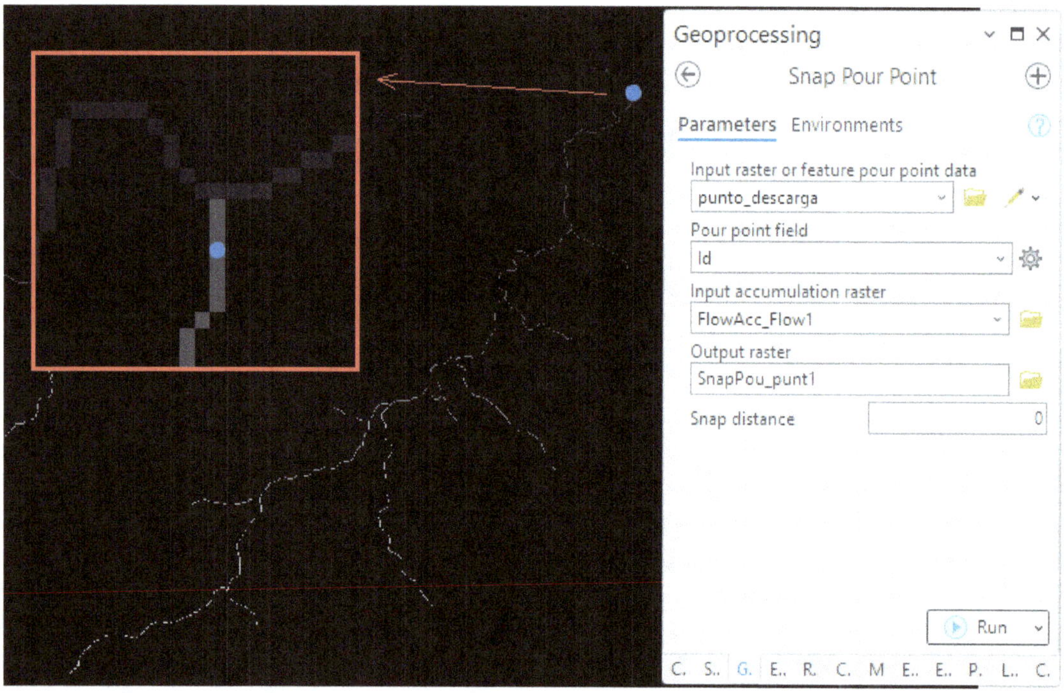

La delimitación de una cuenca hidrográfica se realiza utilizando la herramienta **"Watershed"**. Esta herramienta permite identificar y delimitar la cuenca hidrográfica de una ubicación específica en un terreno, utilizando como entrada un ráster de dirección del flujo y un ráster de puntos de descarga o de salida, obtenidos mediante la herramienta "Snap Pour Point".

En el campo **"Input D8 flow direction raster"** se debe seleccionar el ráster de dirección del flujo ("**Flow Direction**"), mientras que en el campo **"Input raster or feature pour point**

data" se debe seleccionar el ráster generado con la herramienta **"Snap Pour Point"** (Figura 107). Es importante destacar que en base de la herramienta "**Watershed**" se puede obtener más información relevante respecto a la cuenca hidrográfica, como su tamaño, forma y límites, lo que es útil para realizar estudios hidrológicos y ambientales.

La dirección para acceder a esta herramienta en ArcGIS Pro es la siguiente:

Geoprocessing > Toolboxes > Spatial Analyst Tools > Hydrology > Watershed

Figura 107. Configuración de la herramienta "Watershed".

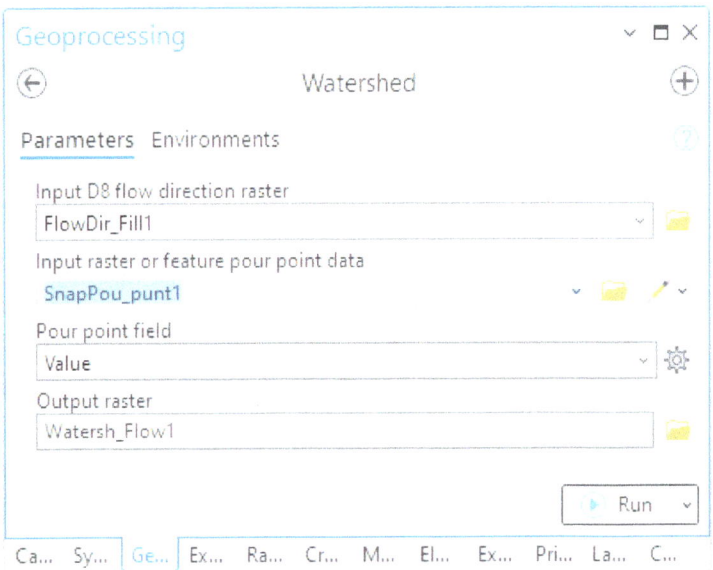

Hasta el momento, la cuenca hidrográfica relacionada se encuentra en formato ráster. Si se desea convertirla a formato vectorial, se debe utilizar la herramienta **"Raster to Polygon"**. Para ello, se debe seleccionar como dato de entrada el ráster obtenido con la herramienta "**Watershed**". Esta conversión permite obtener una representación en formato vectorial de la cuenca hidrográfica, lo que facilita su análisis y visualización.

La herramienta "**Raster to Polygon**" se encuentra disponible en la ruta indicada a continuación:

Geoprocessing > Toolboxes > Conversion Tools > From Raster > Raster to Polygon

Finalmente, es posible generar las curvas de nivel de la cuenca hidrográfica mediante la herramienta "**Contour**", utilizando el archivo ráster "DEM_cuenca.tif" (ver apartado 11.5). Además, se puede recortar tanto la red hídrica como las curvas de nivel utilizando la herramienta "**Clip**", tal como se explica en el apartado 10.3. Con esta herramienta, se obtendrá una versión recortada de la red hídrica en la cuenca. Para crear un efecto topográfico en el mapa, se puede generar un mapa de sombras y aplicar transparencia ("**Hillshade**"), como se indica en el apartado 9.3 y usar las técnicas de etiquetado vistas en el apartado 9.2.3. El resultado final debería ser similar al que se muestra en la Figura 108.

Figura 108. Cuenca hidrográfica delimitada automáticamente junto con su red hídrica.

11.10. Automatización de geoprocesos con ModelBuilder

"**ModelBuilder**" es una herramienta visual en ArcGIS Pro que permite crear, editar y ejecutar flujos de trabajo automatizados de análisis geoespacial. La herramienta permite la creación de modelos personalizados que se pueden reutilizar en otros proyectos, aumentando así la eficiencia en el análisis de datos espaciales. Además, permite la integración de otras herramientas como lenguajes de programación (Python y R).

En general, se puede automatizar procesos geoespaciales, como la delimitación de cuencas o la interpolación de datos de precipitación y temperatura. En este ejemplo, se automatiza el proceso completo de delimitación de una cuenca hidrográfica, visto en el apartado 11.9, lo que es útil para replicar el proceso para otra cuenca cambiando solo los datos de entrada (DEM, punto de descarga).

En la pestaña **"Analysis"** dentro del grupo "**Geoprocessing**", se debe seleccionar **"ModelBuilder"**. Así, se abrirá una nueva pestaña donde se pueden agregar las herramientas necesarias de forma secuencial. En el panel "**Geoprocessing**", primero se debe arrastrar y soltar en la ventana la herramienta **"Fill"**. Luego, se debe hacer doble clic en "**Fill**" y para abrir una ventana emergente, que permite configurar la herramienta. En este ejemplo se usa el archivo "**DEM_cuenca.tif**" como entrada, siguiendo los mismos pasos y configuraciones de la herramienta que se ha aprendido en el apartado 11.9 (Figura 109).

Figura 109. Automatización de flujos de trabajo con "ModeloBuilder".

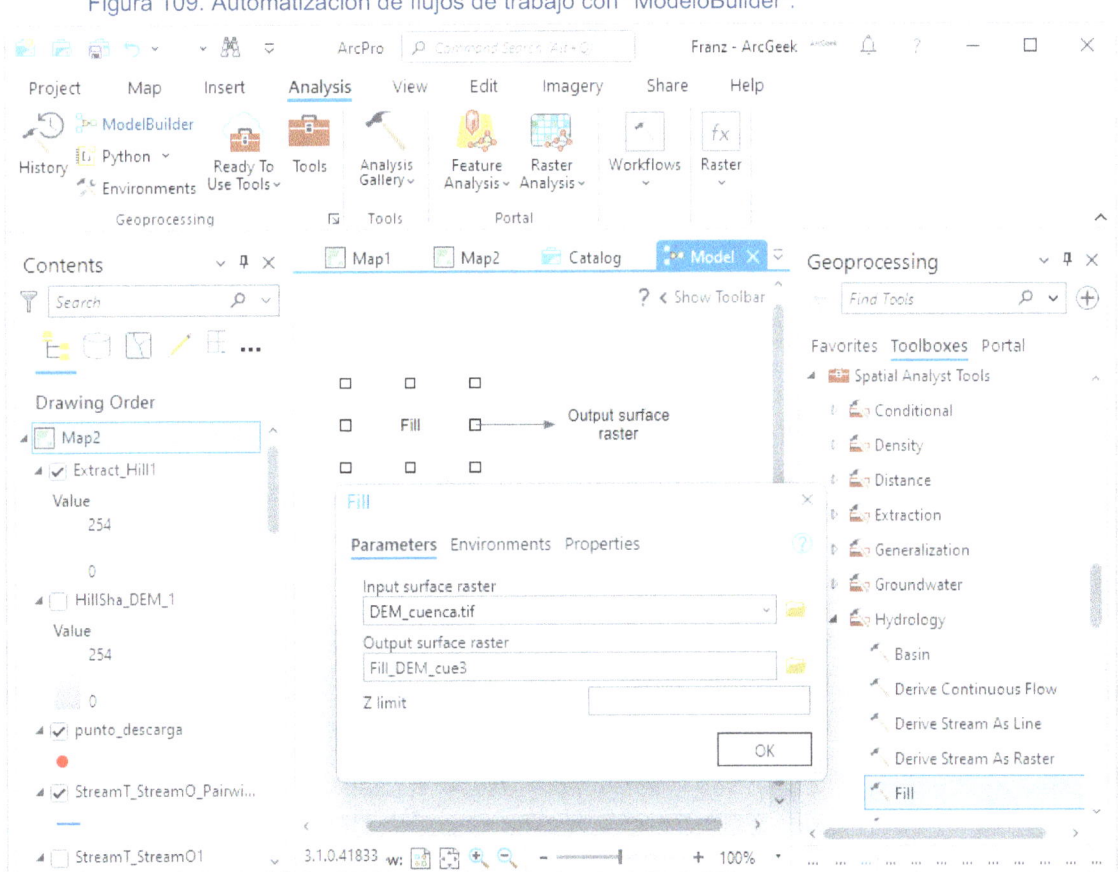

El siguiente paso es agregar las herramientas restantes de manera secuencial ("**Flow Direction**", "**Flow Accumulation**", "**Con**", etc.) y conectar las herramientas. Este proceso es muy intuitivo, para lo cual se usa el resultado de la herramienta anterior como dato de

115

entrada para la siguiente herramienta. Al abrir la configuración de cada herramienta, se pueden seleccionar las **"Model Variables"** disponibles como datos de entrada. Por ejemplo, para configurar la herramienta **"Con"**, se usa como dato de entrada **"FlowAcc_Flow3"**, que es el resultado de la herramienta **"Flow Accumulation"** y se conecta mediante una flecha a la herramienta **"Con"** (Figura 110). Cuando se configura correctamente cada herramienta, se muestran en color amarillo (en gris si no está configurada). Los datos de entrada se visualizan en azul, mientras que los datos de salida en verde.

Figura 110. Configuración de una herramienta en "ModelBuilder".

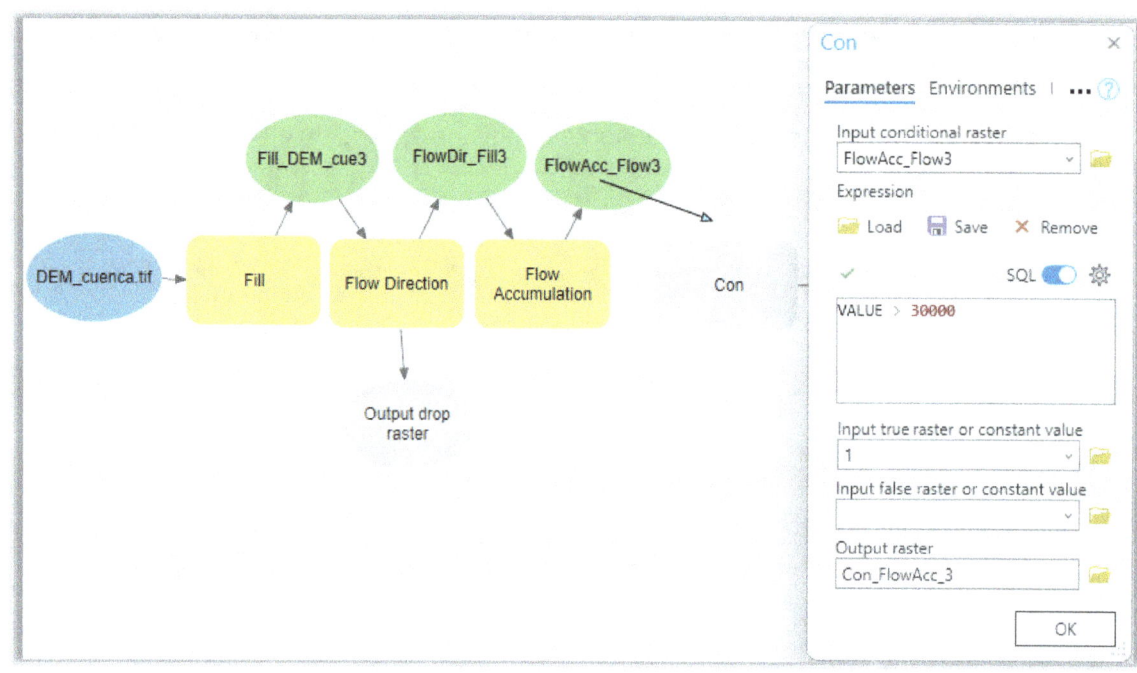

Una vez configurado y agregado todas las herramientas al modelo en la pestaña **"ModelBuilder"** existe una amplia variedad de herramientas para exportar el modelo (p.ej. script de Python), hacer ajustes de visualización y realizar funciones iterativas, que son muy útiles para tareas repetitivas. Para ejecutar el modelo, simplemente haga clic en el botón **"Run"** dentro del grupo **"Run"**. Es posible que, después de ejecutar el modelo, las capas resultantes no se visualicen automáticamente en **"Map"**. En este caso, haga clic derecho sobre la capa deseada y seleccione **"Add To Display"** (Figura 111).

Si el objetivo del modelo es utilizarlo como herramienta para otros procesos similares, se debe definir los parámetros de entrada y salida. Para hacer esto, se debe hacer clic derecho sobre el parámetro específico y seleccionar "**Parameter**", lo que asignará la letra "P" al mismo. Así el modelo espera una interacción con el usuario para definir la capa o parámetro de entrada o salida. También se recomendable utilizar la opción "**Rename**" para dar a los parámetros un nombre descriptivo que facilite la comprensión de la herramienta (Figura 112).

Otro detalle importante es la configuración de las expresiones para otros proyectos. Por ejemplo, haciendo clic derecho sobre la herramienta "**Con**" y luego en **"Create Variable > From Parameter > Expression"**, se puede personalizar la expresión y, en este caso establecer la densidad de la red hídrica.

Para configurar el título y otros datos informativos de modelo, se debe dirigir a la pestaña **"ModelBuilder"** al grupo **"Model",** y hacer clic en el botón "**Properties**". Siempre es recomendable guardar continuamente los cambios en **"Save"**.

117

El botón **"Open Tool"** abre la herramienta creada, donde se pueden seleccionar directamente el DEM y el punto de descarga y, así como definir la expresión, los nombres y directorios para las capas finales (Figura 112).

Figura 112. Creación de una herramienta con "ModelBuilder".

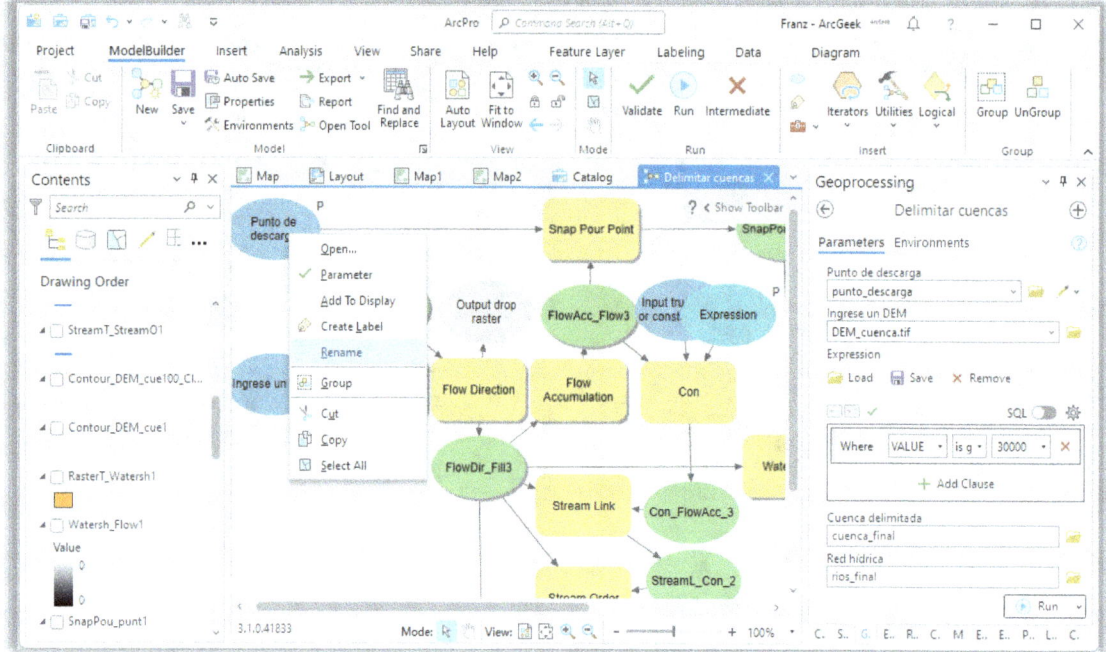

11.11.   Perfiles topográficos

Un perfil topográfico, también conocido como perfil de elevación, es una representación bidimensional del terreno a través de un corte transversal. Se genera trazando una línea entre dos o más puntos en un mapa para mostrar una vista lateral del terreno, indicando los cambios altitudinales. El eje Y del perfil corresponde a los valores de altitud o elevación, mientras que el eje X corresponde a la distancia entre los puntos seleccionados. De esta manera, es posible visualizar la elevación del terreno en diferentes puntos a lo largo de la trayectoria específica seleccionada.

Para elaborar un perfil topográfico se requiere de DEM y una línea que represente la elevación a lo largo del perfil. El primer paso consiste en agregar un DEM en un nuevo mapa "Map", así como una capa de línea. Como ejemplo, se puede añadir los archivos de la carpeta **"11_11_perfil_elev"** en un nuevo mapa. Después, se debe hacer clic derecho sobre la capa **"linea"** y seleccionar **"Create Chart > Profile Graph"**. Es posible que esta opción no esté disponible, debido a que la herramienta requiere una capa de línea en formato 3D. Para solucionar esto, es necesario utilizar la herramienta **"Interpolate Shape"** para agregar valores de elevación a la polilínea, y así crear el perfil topográfico. La ruta de la herramienta es la siguiente:

Geoprocessing > Toolboxes > 3D Analyst Tools > 3D Features > Interpolation > Interpolate Shape

La configuración para obtener ola línea en 3D es sumamente sencilla (Figura 113). En el campo **"Input Surface"** se selecciona el DEM como dato de entrada, y en el campo **"Input Features"** se elige la capa de línea, que representa la trayectoria del perfil de elevación deseada.

Figura 113. Configuración de la herramienta "Interpolate Shape".

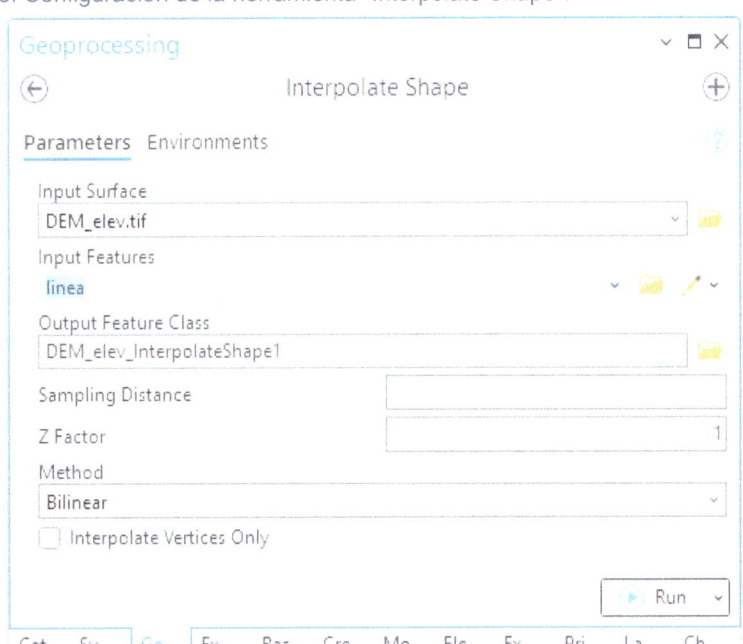

Después de haber preparado la polilínea en 3D, es posible generar el perfil topográfico de elevación haciendo clic derecho en la capa de línea 3D generada dentro del panel **"Contents",** y seleccionando la opción **"Create Chart > Profile Graph".** En caso de que existan varias líneas, el gráfico mostrará los perfiles de elevación de todas ellas, por lo que se debe individualizar los colores para diferenciar los perfiles. Para esto, se puede modificar la tabla de atributos (ver apartado 8.1) o categorizar la simbología (ver apartado 9.2.3) de la polilínea. Es posible personalizar el diseño del gráfico, incluyendo el título y los ejes, mediante las opciones disponibles en las propiedades de este (Figura 114).

Es crucial tener en cuenta que la dirección del perfil sigue la misma como fue creada la polilínea, ya sea de izquierda a derecha o viceversa, debido a que la herramienta **"Profile**

Graph" trazará el perfil según el punto de inicio. Debido a esto, es importante recordar la estructura de los vértices en una polilínea.

Figura 114. Perfil de elevación en ArcGIS Pro.

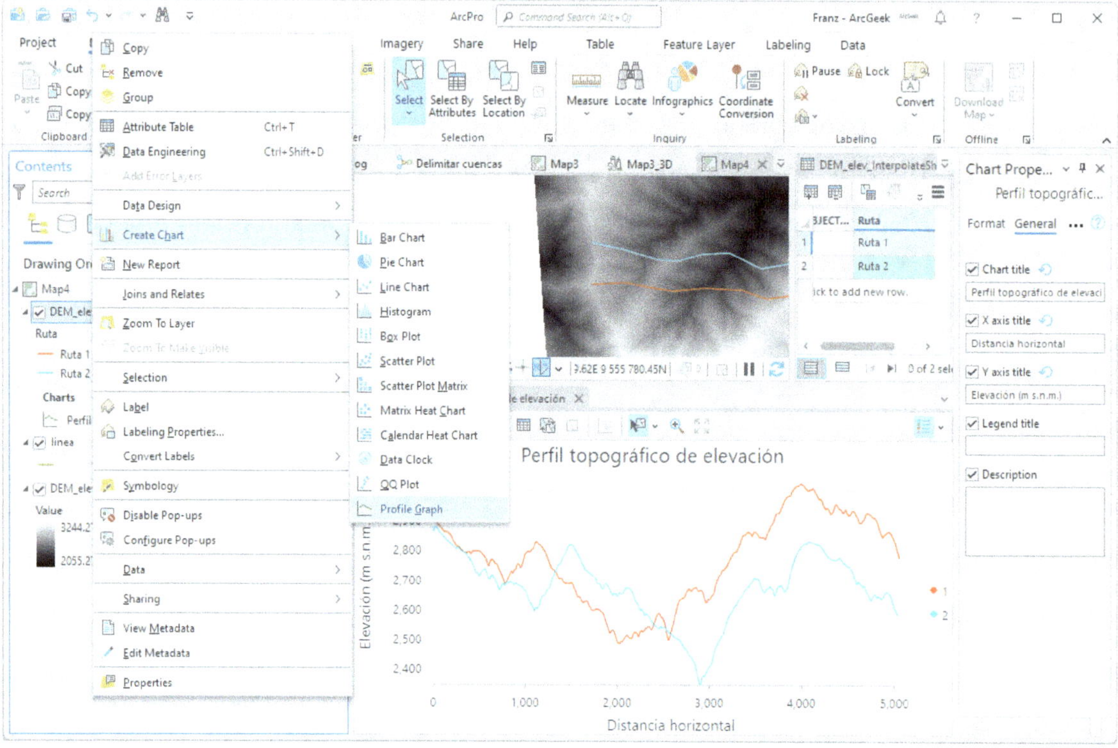

12. Análisis de imágenes

ArcGIS Pro también permite analizar diferentes tipos de imágenes satelitales, utilizando herramientas de procesamiento de imágenes como clasificación, detección de cambios, corrección atmosférica y extracción de información de objetos. Para esto, ArcGIS Pro proporciona un conjunto de herramientas para visualizar, analizar y manipular datos de imágenes satelitales. Los análisis más comunes incluyen la identificación de cambios en la cobertura terrestre, la detección de incendios forestales, la estimación de la calidad del agua y la evaluación de la salud de los cultivos.

Este apartado sirve como introducción al uso de imágenes satelitales, así como se explicará cómo obtener imágenes satelitales de los tipos Landsat 8/9 y Sentinel 2, agregar bandas, crear combinaciones de bandas y calcular el NDVI.

El primer paso para trabajar con imágenes satelitales en ArcGIS Pro es obtener o adquirir las imágenes.

12.1. Agregar una imagen satelital desde "Basemap"

ArcGIS Pro proporciona en los **"Basemaps"** mapas de referencia respecto al contexto geográfico general de los datos visualizados o analizados en un proyecto. Estos mapas pueden utilizarse como capas base para agregar información adicional o como guía para la navegación y orientación en el área de estudio. Los usuarios pueden elegir entre una variedad de **"Basemaps"** ofrecidos por Esri o cargar sus propios **"Basemaps"** personalizados para satisfacer las necesidades específicas del proyecto. Para agregar un **"Basemap"**, basta con ir a la pestaña **"Map > Layer > Basemap"** y seleccionar el más adecuado. En la Figura 115 se muestra un ejemplo de **"Imagery"**, que proporciona una imagen satelital de la región del estudio.

Figura 115. Agregar una imagen satelital como "Basemap".

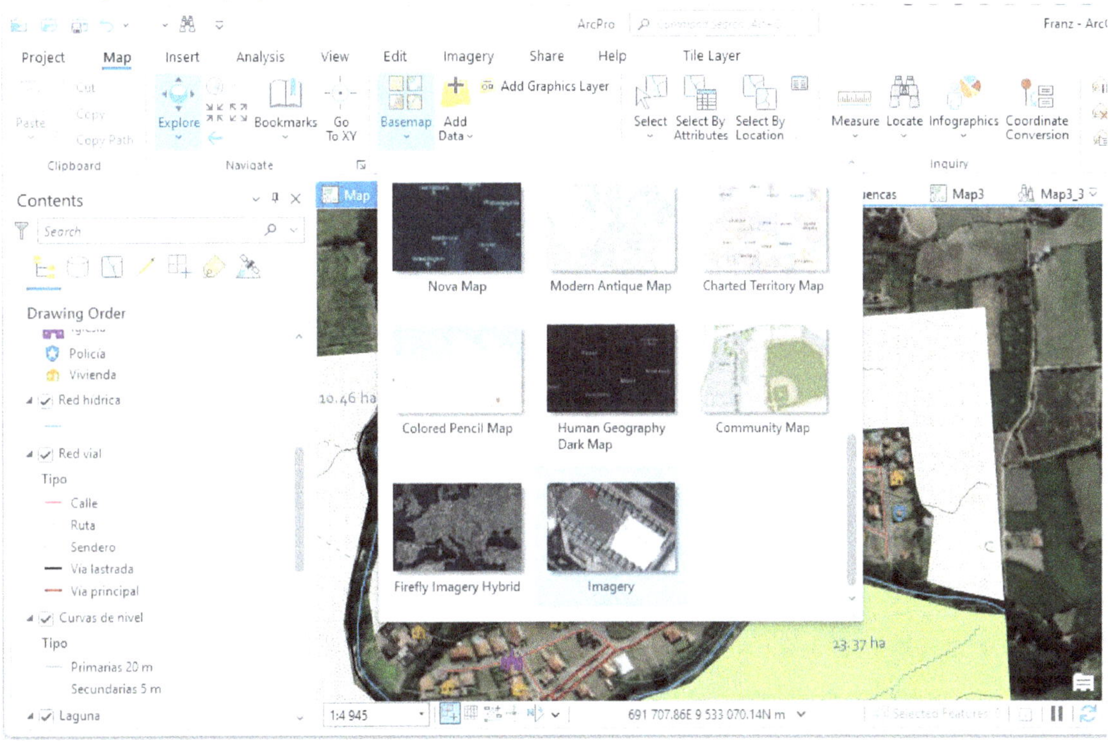

Sin embargo, las imágenes satelitales en **"Imagery"** no muestran el estado actual de la zona y la resolución depende la disponibilidad de en la zona, por lo que se debe adquirir imágenes satélites de más alta resolución y con las fechas requeridas para el estudio. Una forma gratuita para adquirir estas imágenes satelitales son las plataformas de Landsat y Sentinel, que se describe a continuación.

12.2. Descargar imágenes Landsat

Los satélites de observación terrestre Landsat 8/9 proporcionan imágenes en alta resolución (15-30 metros) con bandas multiespectrales para el uso en diversas aplicaciones, como la agricultura, la gestión forestal y la cartografía (Tabla 7). Estos satélites están diseñados para medir la reflectancia de la superficie terrestre en varias bandas del espectro electromagnético, lo que permite la caracterización y análisis de los recursos naturales. Para adquirirlas se debe seguir las siguientes instrucciones:

1. Accede al sitio web de Earth Explorer: https://earthexplorer.usgs.gov/
2. Registrarse o inicia sesión en la plataforma.
3. Navegar hasta el área de estudio, en este ejemplo, Loja, Ecuador.
4. En la pestaña **"Search Criteria"**, seleccionar el área geográfica de interés. Se puede hacerlo ingresando las coordenadas con el botón **"Add Coordinate"** o dibujando directamente un polígono en el mapa. En **"Data Range",** se define el rango de fechas para la búsqueda, y en **"Cloud Cover** el porcentaje máximo de la presencia de nubes en la imagen.
5. En la pestaña **"Data Sets"**, se debe dirigir a **"Landsat > Landsat Collection 2 Level-1 > Landsat 8-9 OLI/TIRS C2 L1",** o dependiendo de las necesidades se puede usar "Landsat Collection 1 Level-2".
6. En la pestaña **"Additional Criteria"**, se definen algunos criterios de búsqueda, como Landsat 9 en **"Satellite".**
7. Hacer clic en el botón **"Results"** genera una lista de resultados que cumplan con los criterios de búsqueda.
8. Examinando los resultados se puede seleccionar las imágenes requeridas (en este caso, del 13 de noviembre de 2022). Hacer clic en el botón **"Download Options"** se puede seleccionar el formato de descarga deseado. Se recomienda descargar todas las bandas (Landsat Collection 2 Level-1 Product Bundle tiene un tamaño aproximado de 1 GB).
9. Sigue las instrucciones para completar la descarga y descomprime el archivo.

Tabla 7. Bandas electromagnéticas del satélite Landsat 8/9

Banda espectral	Descripción	Longitud de Onda (µm)	Resolución (m)
Banda 1	Costero/Aerosol	0.43 - 0.45	30
Banda 2	Azul	0.450 - 0.51	30
Banda 3	Verde	0.53 - 0.59	30
Banda 4	Rojo	0.64 - 0.67	30
Banda 5	Infrarrojo cercano (NIR)	0.85 - 0.88	30
Banda 6	SWIR 1	1.57 - 1.65	30
Banda 7	SWIR 2	2.11 - 2.29	30
Banda 8	Pancromática (PAN)	0.50 - 0.68	15
Banda 9	Cirrus	1.36 - 1.38	30
Banda 10	TIRS 1	10.6 - 11.19	100
Banda 11	TIRS 2	11.5 - 12.51	100

Fuente: (USGS, 2022)

12.3. Descargar imágenes Sentinel 2

Sentinel-2 es un programa de la Agencia Espacial Europea (ESA) que utiliza una constelación de dos satélites para la observación terrestre, proporcionando imágenes de alta resolución (10 - 60 metros;

Tabla 8) de la superficie de la Tierra. Las imágenes obtenidas permiten la monitorización de cambios en la vegetación, la detección de incendios forestales y la identificación de cambios en la cobertura terrestre. Los datos de Sentinel-2 se utilizan especialmente en aplicaciones como la gestión agrícola, la planificación urbana y la respuesta a desastres naturales. Para adquirir estas imágenes satelitales se debe seguir las siguientes instrucciones:

1. Acceder al portal Copernicus Open Access Hub en el siguiente enlace: https://browser.dataspace.copernicus.eu
2. Registrarse o inicia sesión en el portal.
3. Navegar hasta el área de estudio, por ejemplo, Loja, Ecuador, y dibujar el área de estudio, haciendo clic derecho sobre mapa.
4. Dentro de la pestaña "**VISUALIZE**" para expandir las opciones disponibles, haga clic en el botón " ˅ " (que se encuentra a la derecha de "DATE: SINGLE"), luego haga clic en el botón "**Time Range** 🔁 " para seleccionar el período de datos.
5. Especifique en "**Max. cloud coverage**" el porcentaje de cobertura de nubes aceptable para las imágenes.

6. Defina las Colecciones; por defecto, es **Sentinel-2 L2A**, pero también está disponible Sentinel-2 L1C.

7. Haga clic en "**Find products within selected time range**".

8. Se mostrará una lista de imágenes que cumplen con los criterios de búsqueda. Seleccione la requerida, la cual puede previsualizarse haciendo clic en el icono "**Zoom to Product**", ubicado en la parte inferior de la imagen.

9. Para descargar la imagen, se debe hacer clic en el ícono "**Download Product**", que se encuentra en la parte inferior de la imagen.

10. Si la imagen está dividida en varias partes, se debe descargar cada una de ellas individualmente y luego descomprimirlas en el archivo.

Tabla 8. Bandas espectrales del satélite Sentinel-2

Banda espectral	Descripción	Longitud de onda (μm)	Resolución (m)
Banda 1	Aerosol costero	0.443	60
Banda 2	Azul	0.49	10
Banda 3	Verde	0.56	10
Banda 4	Rojo	0.665	10
Banda 5	Borde rojo cercano	0.705	20
Banda 6	Rojo lejano	0.74	20
Banda 7	Rojo lejano	0.783	20
Banda 8	Infrarrojo cercano (NIR)	0.842	10
Banda 8A	Borde rojo lejano	0.865	20
Banda 9	Vapor de agua	0.945	60
Banda 10	SWIR (Cirrus)	1.375	60
Banda 11	Infrarrojo onda corta (SWIR)	1.61	20
Banda 12	Infrarrojo onda corta (SWIR)	2.19	20

Fuente: (ESA, 2023)

Es importante tener en cuenta que la descarga de imágenes satelitales puede tomar bastante tiempo, especialmente si se trata de imágenes de grandes áreas. Debido a esto, es necesario verificar que la computadora cuenta con el espacio de almacenamiento suficiente o conectar un disco duro externo antes de proceder con la descarga.

12.4. Combinar bandas de imágenes satelitales

Una de las tareas más habituales para familiarizarse con imágenes satelitales es explorar sus bandas y realizar diversas combinaciones. Según OpenAI (2021), combinar bandas satelitales puede proporcionar una amplia gama de información valiosa para la investigación y el análisis geoespacial. Aquí hay algunos posibles beneficios sobre combinar bandas satelitales:

- **Identificar características de la Tierra:** La combinación de bandas satelitales puede ayudar a identificar características de la Tierra, como la vegetación, el agua y las áreas urbanas. Al analizar diferentes combinaciones de bandas, puede identificar patrones y tendencias.

- **Análisis de cambios en el tiempo:** La combinación de múltiples imágenes de satélite tomadas en diferentes fechas permite el análisis de cambios en la Tierra. Esto puede ser especialmente útil para evaluar el impacto de los desastres naturales, la deforestación o la urbanización.

- **Detección de objetos:** La combinación de bandas satelitales también puede ser útil para detectar objetos en la Tierra, como automóviles, edificios o infraestructura.

- **Mejorar la calidad de la imagen:** Al combinar varias bandas, puede mejorar la calidad de la imagen y reducir el ruido y otras interferencias.

El primer paso para trabajar con imágenes satelitales en ArcGIS Pro es descomprimirlas. En el caso de las imágenes Landsat, las bandas suelen estar directamente en la carpeta descomprimida, mientras que en el caso de Sentinel 2, se encuentran en la carpeta **"IMG_DATA"** dentro del directorio principal **"GRANULE"**.

Para agregar las imágenes descomprimidas en un nuevo mapa de ArcGIS Pro, se utiliza el botón **"Add Data"**. Por ejemplo, se desea trabajar con las imágenes Landsat 9, específicamente con las bandas "B6", "B5" y "B2", se las agrega como se muestra en la Figura 116.

Figura 116. Añadir bandas de imágenes Landsat 9 en ArcGIS Pro.

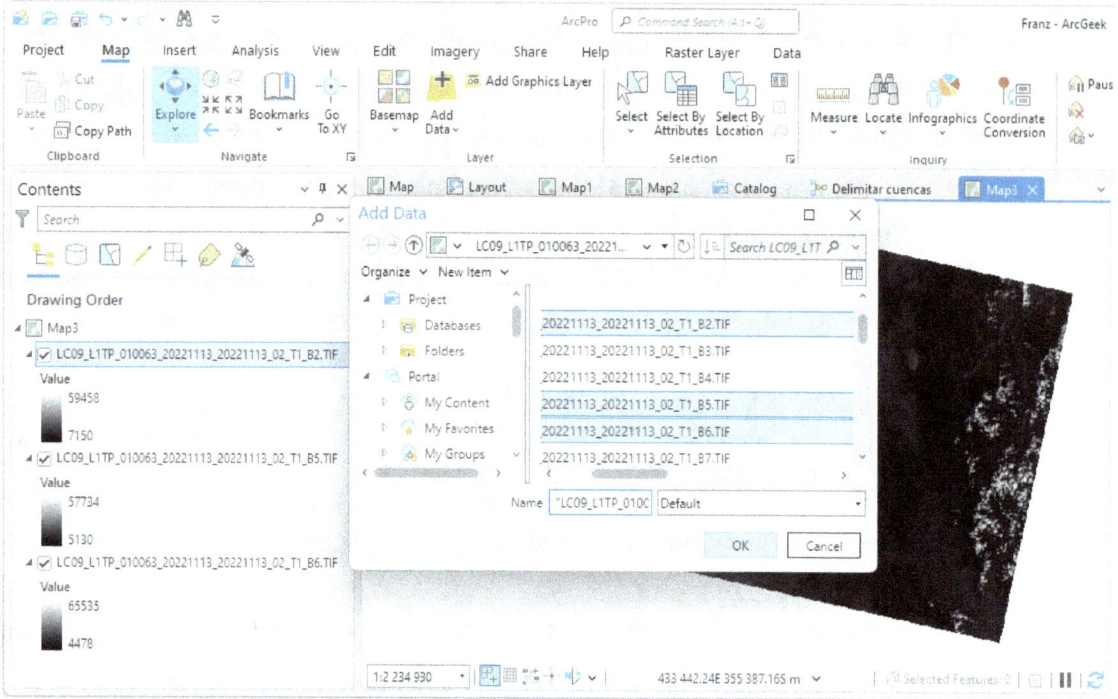

Existen muchas combinaciones posibles de bandas de imágenes satelitales, las cuales dependerán de las necesidades específicas de cada usuario y los resultados requeridos. En la Tabla 9 se muestran algunas de las combinaciones más comunes. Además, se recomienda experimentar con diferentes combinaciones para obtener resultados interesantes y prácticos en distintas aplicaciones.

Tabla 9. Principales combinaciones de bandas satelitales de los sensores Landsat 8/9 y Sentinel 2.

Análisis	Landsat 8/9	Sentinel 2
RGB Natural	B4, B3, B2	B4, B3, B2
Infrarrojo	B5, B4, B3	B8, B4, B3
Agricultura	B6, B5, B2	B11, B8, B2
Vegetación	B5, B6, B2	B8, B5, B3
Cambios en el Uso del Suelo	B7, B6, B4	B12, B11, B4
Geología	B7, B5, B3	B12, B4, B2
Recursos Hídricos	B5, B6, B4	B8, B11, B4
Ciudades	B7, B6, B5	B12, B11, B8

En este ejemplo se realiza la combinación de "**Agricultura**" que utiliza las bandas "B6", "B5" y "B2" de Landsat 9. Para esto, es importante agregarlas en ese orden en la **herramienta "Composite Bands"** (Figura 117), la cual se encuentra en la siguiente ruta:

Figura 117. Configuración de la herramienta "Composite Bands".

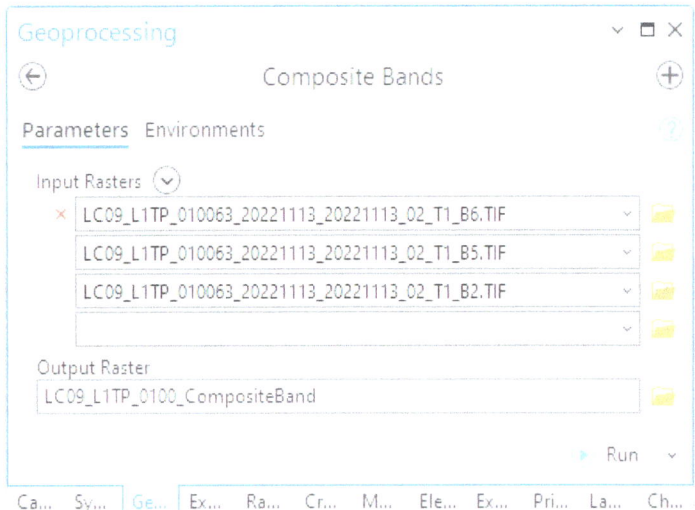

El resultado de combinar las bandas espectrales de los sensores Landsat 9 y Sentinel 2 se puede apreciar en la Figura 118.

Figura 118. Combinación de bandas satelitales de los sensores de Landsat 9 y Sentinel 2.

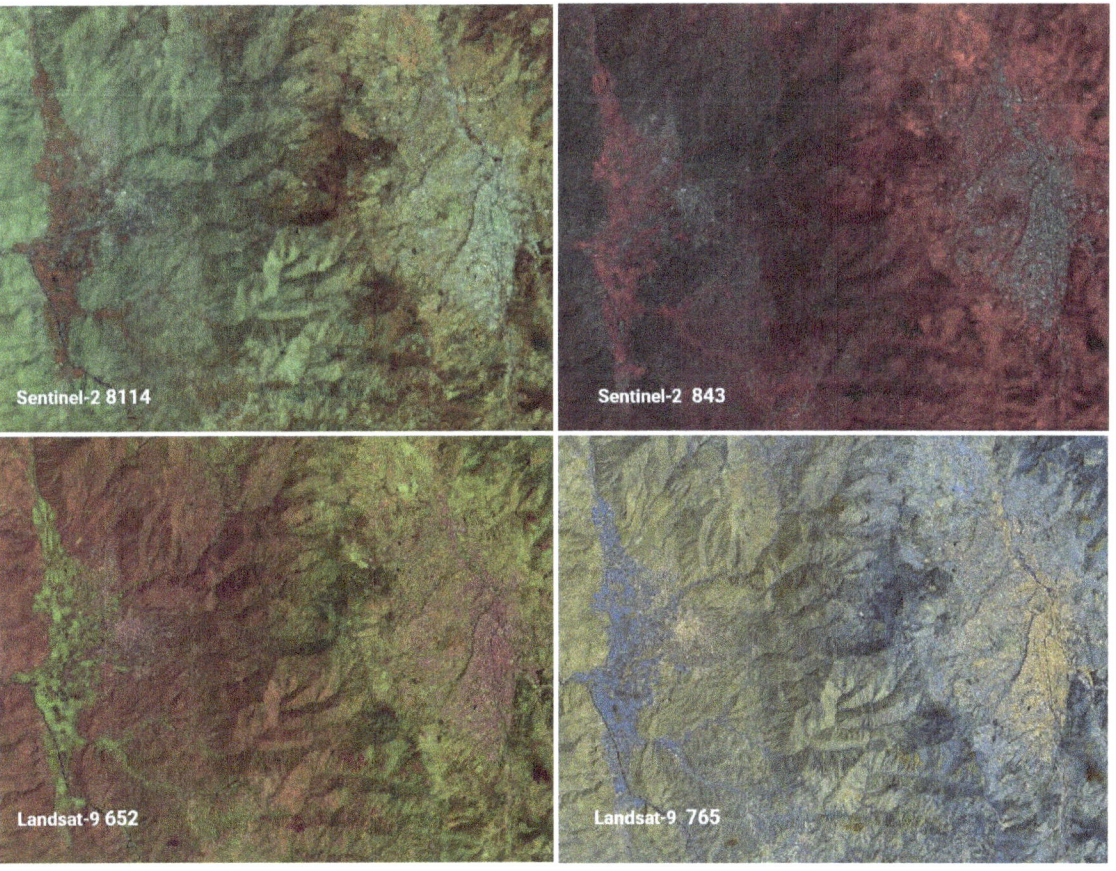

12.5. Agregar una imagen multiespectral

Para agregar una imagen multiespectral completa sin necesidad de realizar una composición previa, se usa directamente el archivo de metadatos de la imagen satelital. Con "**Add Data**" se agrega los archivos correspondientes: para Landsat 9, se debe seleccionar el archivo **"MTL"** con extensión "TXT" (p.ej. "LC09_L1TP_010063_20221113_20221113_02_T1_MTL.txt"), mientras que para Sentinel 2, se debe seleccionar el archivo **"MTD"** con extensión "XML" (p.ej. "MTD_MSIL1C.xml"). Este proceso simplifica la composición, ya que se puede acceder directamente a cada color del RGB de la imagen multiespectral en el panel "**Contents**", haciendo clic derecho sobre sobre el color y seleccionando la banda correspondiente (Figura 119).

Figura 119. Añadir directamente una imagen multiespectral (Sentinel 2).

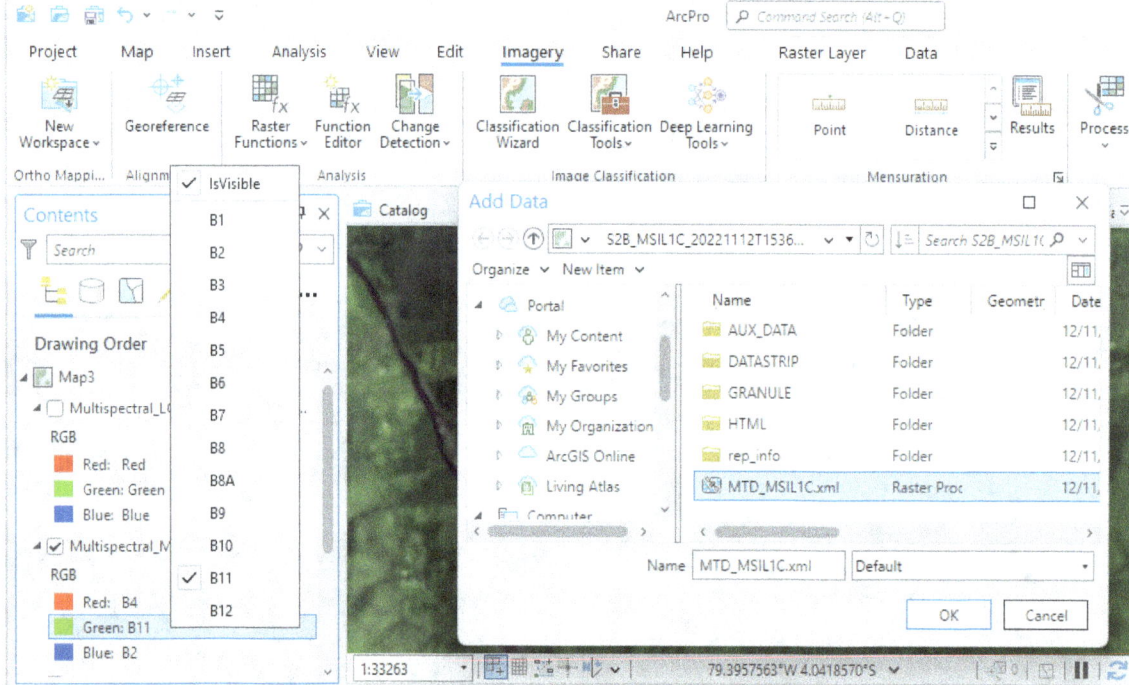

Es importante destacar que ArcGIS Pro ofrece varias opciones para trabajar con imágenes satelitales en la pestaña **"Imagery"**. Además, en una imagen multiespectral se pueden calcular directamente diversos índices de vegetación, hacer recortes de la vista actual de la pantalla o realizar clasificaciones supervisadas (Figura 120). Estas herramientas resultan muy útiles en el análisis de datos geoespaciales y pueden aportar información valiosa para la toma de decisiones en distintos ámbitos.

No obstante, es importante tener en cuenta que el procesamiento de imágenes satelitales puede ser complejo, ya que requiere de conocimientos especializados. Por ello, se recomienda buscarse capacitación e información adicional respecto al análisis de imagen satelitales, que debe incluir las últimas técnicas y herramientas disponibles. Además, es fundamental trabajar con fuentes de datos confiables y validadas, para evitar errores en el análisis y la interpretación de los resultados.

En definitiva, el uso de imágenes satelitales y su análisis en ArcGIS Pro puede resultar muy beneficioso para diversos campos, pero es importante contar con el conocimiento y las habilidades necesarias para sacarles el máximo provecho y evitar errores en la interpretación de los resultados.

Figura 120. Herramientas de la pestaña "Imagery".

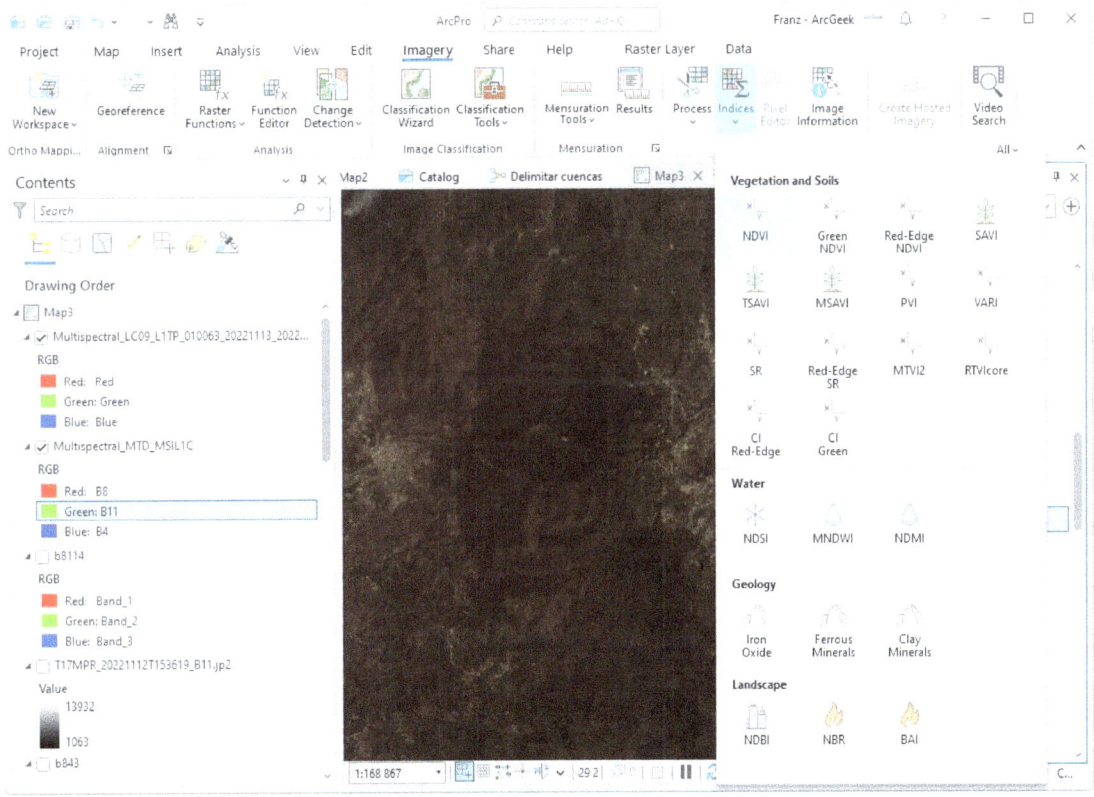

12.6. Calcular el NDVI

El NDVI (Índice de Vegetación de Diferencia Normalizada) es un índice que se utiliza para medir la salud y densidad de la vegetación en un área específica. Este índice se obtiene a partir de la diferencia entre la reflectancia de la vegetación en el espectro visible (banda roja) e infrarrojo cercano (NIR). Los valores altos de NDVI indican una mayor densidad y salud de la vegetación, mientras que los valores bajos indican una menor densidad o ausencia de vegetación (Tabla 10; (Mejía, Orellana, & Cabrera-Barona, 2021)).

Tabla 10. Clasificación NDVI.

Categoría	Rango	Tipo	Descripción
1	-1 a 0.2	Sin vegetación, agua, sombras	Gran parte de estos suelos corresponden principalmente a zonas oscuras y vinculadas a ríos
2	0.2 a 0.45	Suelo sin cobertura o escasa vegetación	Se ha visto que esto suelo coincide con las áreas urbanas
3	0.45 a 0.55	Vegetación escasa	Gran parte de estos suelos corresponden a suelos en procesos de transformación, pastizales
4	0.55 a 0.65	Vegetación dispersa	Suelos vinculados con actividades agrícolas y vegetación arbustiva y herbácea
5	0.65 a 1	Bosque	Suelo con abundante vegetación arbustiva

Para calcular el NDVI, se utilizan diferentes bandas según el sensor utilizado. En el caso de Landsat 8/9, se emplea la Banda 4 en Rojo y la Banda 5 en NIR, mientras que en Sentinel 2 se utiliza la Banda 4 en Rojo y la Banda 8 en NIR. Para calcular el NDVI manualmente se utiliza la herramienta "**Raster Calculator**" (ruta: Geoprocessing > Toolboxes > Spatial o Image Analyst Tools > Map Algebra> Raster Calculator) y la fórmula del NDVI (Figura 121):

$$NDVI = (NIR - Rojo) / (NIR + Rojo)$$

El resultado del cálculo muestra en rojo los valores donde no existe vegetación y en verde la presencia de esta. Sin embargo, la salud y la densidad de la vegetación varían, dependiendo del valor exacto del índice.

Figura 121. Cálculo del NDVI con "Raster Calculator".

13. Gráficos

ArcGIS Pro permite crear gráficos a partir de tablas o archivos ráster (p.ej. imágenes satelitales). Esta herramienta permite visualizar los valores de los píxeles (celdas o cuadriculas) de una imagen ráster en forma gráfica, así como la distribución de los valores de los píxeles en la imagen ráster.

13.1. Crear un histograma

Esta herramienta es útil para identificar patrones o tendencias en los datos, así como para identificar valores atípicos o anomalías en la imagen. Además, el histograma puede ayudar a determinar los valores umbral para aplicar determinados análisis o procesos, como la segmentación de la imagen o la clasificación supervisada.

Por ejemplo, al hacer clic derecho sobre la imagen **"NDVI_Sentinel2"**, creada anteriormente (apartado 12.6), se dirige a **"Create Chart > Histogram"**. El gráfico mostraría cómo están distribuidos los valores de NDVI en la imagen satelital combinada (Figura 122). En el panel de propiedades del gráfico es posible personalizar y aplicar un formato específico al mismo, como el título y la configuración de los ejes.

Figura 122. Crear un histograma de una imagen ráster.

Figura 122. Crear un histograma de una imagen ráster.

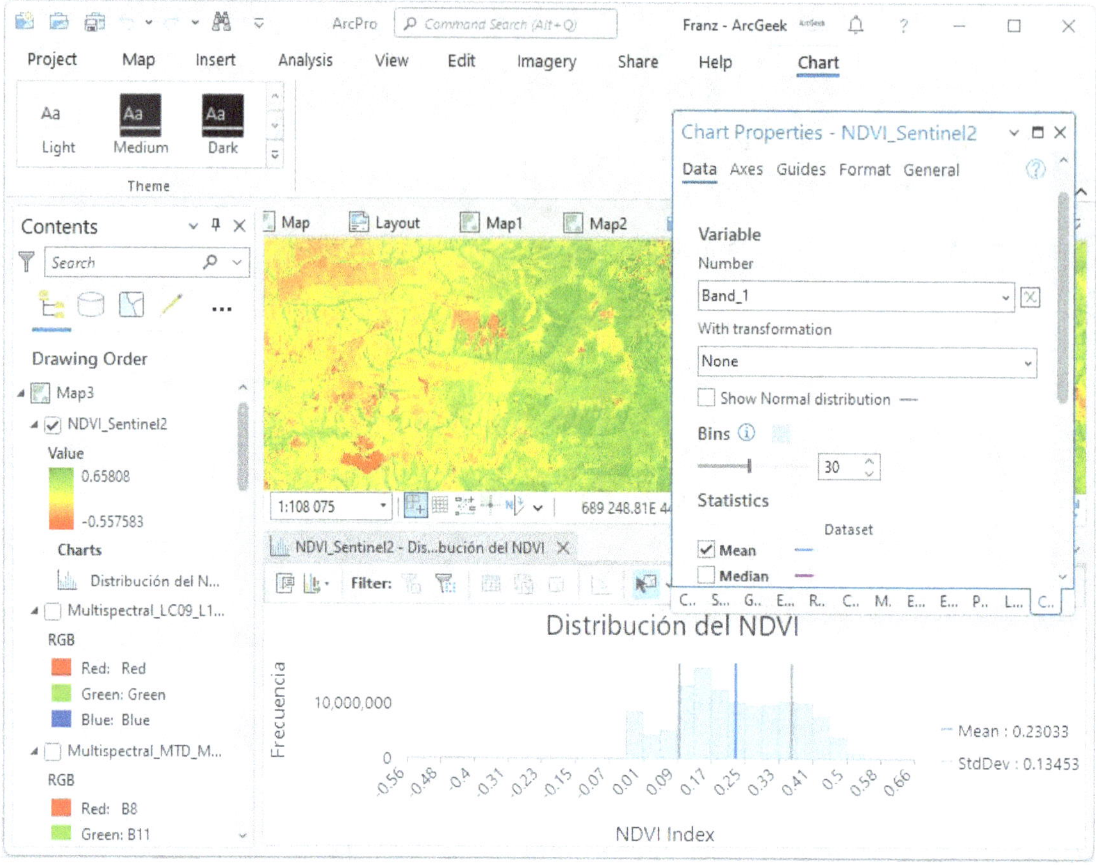

13.2. Gráficos a partir de tablas

Otra opción interesante en ArcGIS Pro es la capacidad de crear gráficos a partir de información de tablas, ya sea vinculada o no a un archivo vectorial (shapefiles). En este ejemplo, se agrega el archivo "**data_temp_rain.csv**" ubicado en la carpeta "**13_2_chart**", el cual contiene tres campos: fecha, temperatura y precipitación (ruta: Map > Add Data > Data). Al hacer clic derecho sobre el archivo en el panel **"Contents"** y seleccionar "**Open**" se puede visualizar el contenido de la tabla. Para crear un gráfico se selecciona **"Create Chart"**, donde se encuentran varias opciones o tipos de gráficos, como Bar Chart, Pie Chart, Line Chart, Histogram, Box Plot, Matrix Heat Chart y QQ Plot, entre otros (Figura 123).

Para crear un gráfico de barras, se selecciona "**Bar Chart**" y se configura las variables en el panel de propiedades. En **"Category or Date"**, se selecciona **"DateTime"**; en **"Aggregation",** al ser la precipitación acumulativa, la opción **"Sum"**; y en **"Numeric field(s)",** la variable **"Rain".** Se recomienda experimentar con las diferentes opciones de configuración, como el título, nombres de los ejes y colores, para personalizar el gráfico según las necesidades.

Figura 123. Crear un gráfico de barras en ArcGIS Pro.

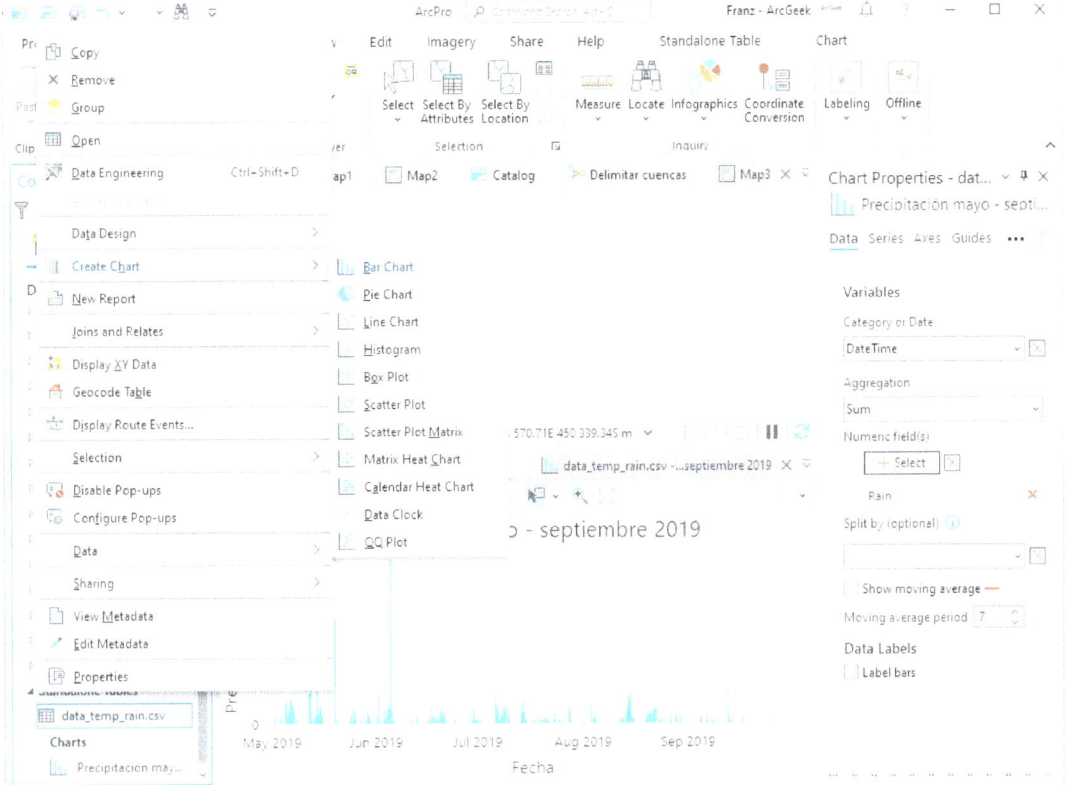

También es posible crear diferentes tipos de gráficos de la misma variable, como, por ejemplo, un gráfico de línea (parte superior de la Figura 124), que visualiza la temperatura media diaria, y un gráfico de calendario de temperatura (parte inferior de la Figura 124), que permite ver las horas más frías y calientes durante el día por semana.

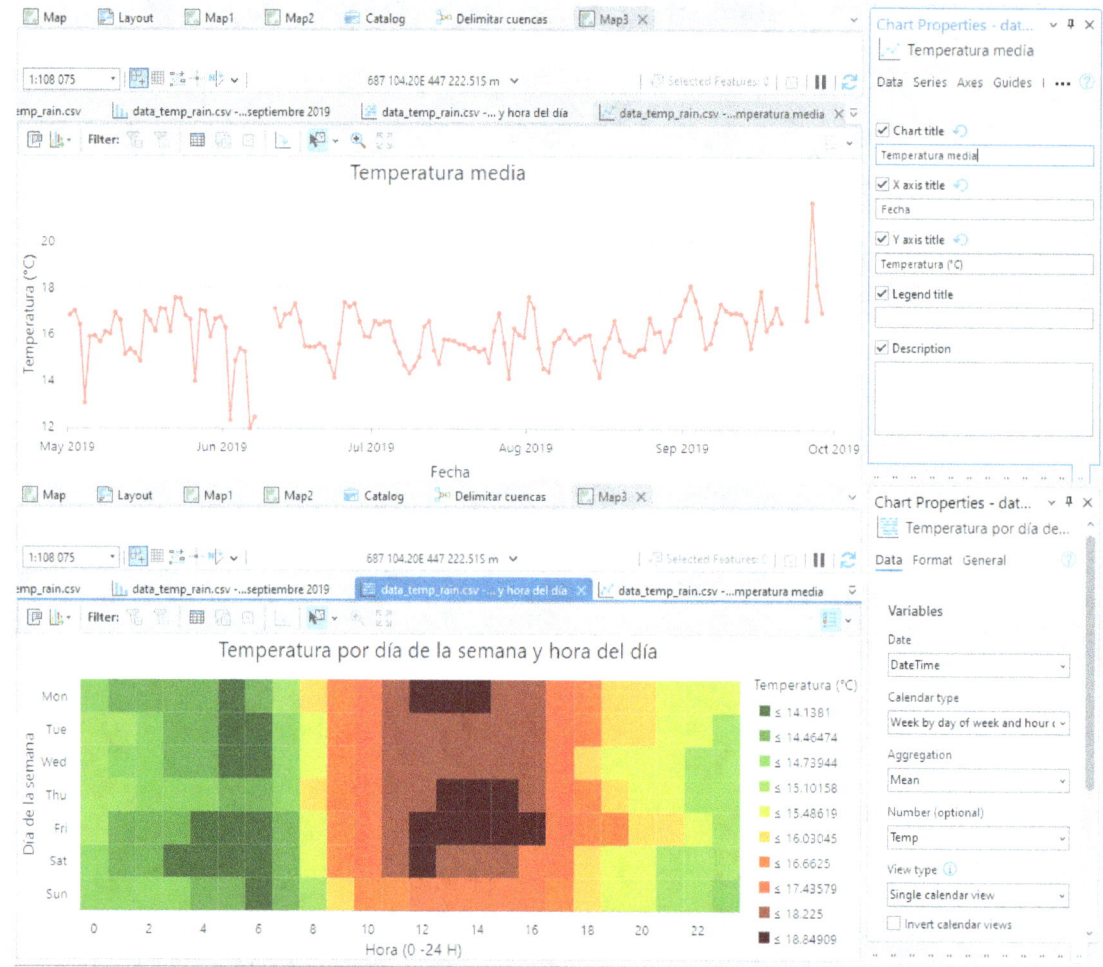

Figura 124. Los gráficos se han generado utilizando una variable de fecha y otra numérica.

Estos gráficos proporcionan la información temporal de una forma más intuitiva y visual, así como más fácil de entender, que permite identificar patrones y tendencias en los datos que no son tan evidentes en los mapas. Además, los gráficos personalizados pueden ser una herramienta útil para la toma de decisiones, especialmente para la comunicación efectiva de la información espaciotemporal a un público no especializado.

13.3. Gráficos de firmas espectrales

Otra herramienta útil en ArcGIS Pro es la capacidad de crear perfiles espectrales, los cuales permiten seleccionar áreas de interés o entidades de suelo en la imagen. Para esto, se revisa la información espectral de todas las bandas mediante la generación de diferentes tipos de gráficos, como "**Mean Lines**", "**Boxes**" o combinados.

En el ejemplo de la Figura 125, se utilizó una imagen multiespectral de Sentinel 2 (consulte el apartado 12.5 sobre cómo añadir imágenes multiespectrales; si no dispone de una, también puede utilizar una composición de bandas espectrales como se indica en el apartado 12.4). Al seleccionar **"Spectral Profile" (clic derecho sobre la imagen multiespectral > Create Chart)**, se puede dibujar o seleccionar cualquier área de la imagen a través de puntos, líneas o polígonos, y luego generar la firma espectral correspondiente. En el panel de propiedades es posible cambiar el nombre de los perfiles, simplemente escribiendo el nuevo nombre y pulsando la tecla **"Tab"** para fijarlo. Estos perfiles son útiles para la identificación de materiales y objetos en una imagen, así como para la detección de cambios en la superficie terrestre.

Figura 125. Firmas espectrales de una imagen Sentinel 2.

En ArcGIS Pro también existe la posibilidad de agregar gráficos directamente en el **"Layout"**, que representa una gran ventaja para aquellos casos en los que se desea complementar el mapa con información gráfica adicional. Además, la información en los gráficos puede ser exportada como una tabla, a través del botón **"Export"** que se encuentra sobre los mismos. Esto permite una mayor flexibilidad en la presentación de resultados y en la generación de productos cartográficos de calidad.

14. Vista 3D

La vista 3D en ArcGIS Pro es una herramienta poderosa que permite visualizar los datos geoespaciales en una dimensión adicional, lo que facilita la comprensión de la topografía y la estructura de los datos. Anteriormente, esta funcionalidad solo estaba disponible en ArcScene, pero ahora se puede acceder directamente desde ArcGIS Pro. Con la vista 3D, es posible crear escenas a partir de capas vectoriales, ráster y de elevación, y aplicar diferentes estilos y simbologías para una mejor visualización. Además, se pueden agregar capas de entidades y elementos de texto a la escena para proporcionar contexto y explicación. Aunque este apartado es breve, es importante explorar más opciones para mejorar el conocimiento en esta herramienta.

Para convertir un mapa 2D a 3D en ArcGIS Pro, se debe acceder a la pestaña **"View"** y, dentro del grupo **"View"** seleccionar **"Convert > To Local Scene"**. De esta manera, se abrirá una nueva pestaña con el mapa en vista 3D. Para mejorar la navegación, se recomienda expandir el icono de navegación, haciendo clic en **"Show full control"** (botón ⌃), lo que permitirá acceder a más opciones de navegación. Por defecto, se asigna un DEM global con una resolución de 30 metros. Sin embargo, si se desea utilizar un DEM propio con mejor resolución, se puede agregarlo en la sección inferior del panel **"Contents"** en **"Elevation surfaces"**.

Otro aspecto interesante que ofrece ArcGIS Pro es la posibilidad de crear animaciones. Para esto, se recomienda primero elaborar varios **"Bookmarks"** desde la pestaña **"Map > Navigate"**. Estos "Bookmarks" son accesos directos que permiten navegar a una posición específica en un mapa o perspectiva de una escena para ser utilizados posteriormente. Por ejemplo, para animar una ciudad, se podría empezar ubicando la vista en el sur, luego moverse al centro, agregar diferentes vistas y finalizar en el norte, estableciendo así diferentes posiciones en la vista 3D para crear el recorrido. Posteriormente, se puede agregar una animación desde la pestaña **"View > Animation > Add"** y para importar los diferentes "Bookmarks", dirigirse a **"Animation > Create > Import"**. Luego jugar con las diferentes opciones de animación y también exportar la animación como un vídeo.

Figura 126. Vista en 3D de un mapa en ArcGIS Pro.

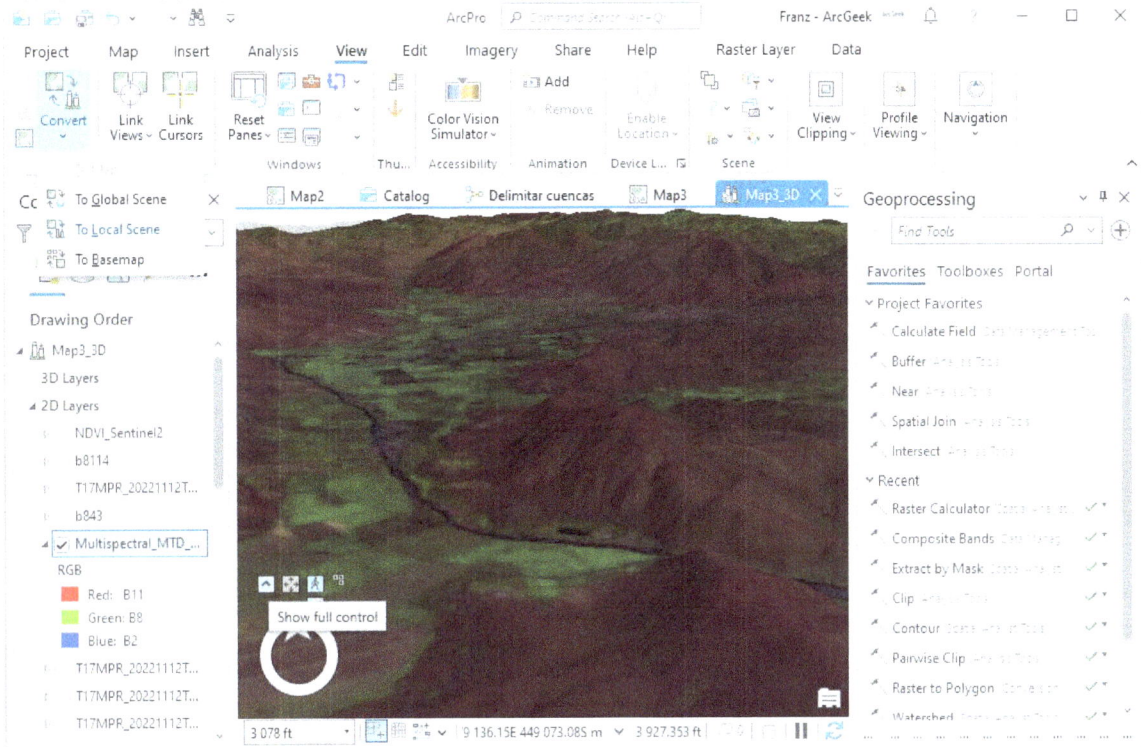

15. Geodatabases

Una "Geodatabase" es un contenedor centralizado para almacenar, organizar y gestionar datos geoespaciales, permitiendo una gestión avanzada de datos y ofreciendo funciones que van más allá de los tradicionales archivos shapefile. Facilita la integración, consulta y análisis de información geográfica en un formato coherente y estructurado.

15.1. Crear una Geodatabase

Para crear una geodatabase normalmente al crear un nuevo proyecto en ArcGIS Pro automáticamente ya se crea revisar sección 5.1, pero también se puede revisar la geodatabase actual o crear una nueva para ello ir a la pestaña **View > Windows > Catalog View**, junto a los **"Maps"** y **"Layouts"** actuales se crea **"Catalog"**, ahora en el panel **"Contents"** dirigirse a **"Database"** (o navega al lugar donde deseas crear la geodatabase dentro de su computadora), haz clic derecho en la ubicación deseada, selecciona **"New File Geodatabase"**, asigna un nombre, por ejemplo "Ciudad" y haz clic en **"Save"**, ver Figura 127. La geodatabase se creará en la ubicación especificada y estará lista para almacenar y gestionar tus datos geoespaciales.

Figura 127. Creación de una nueva "Geodatabase".

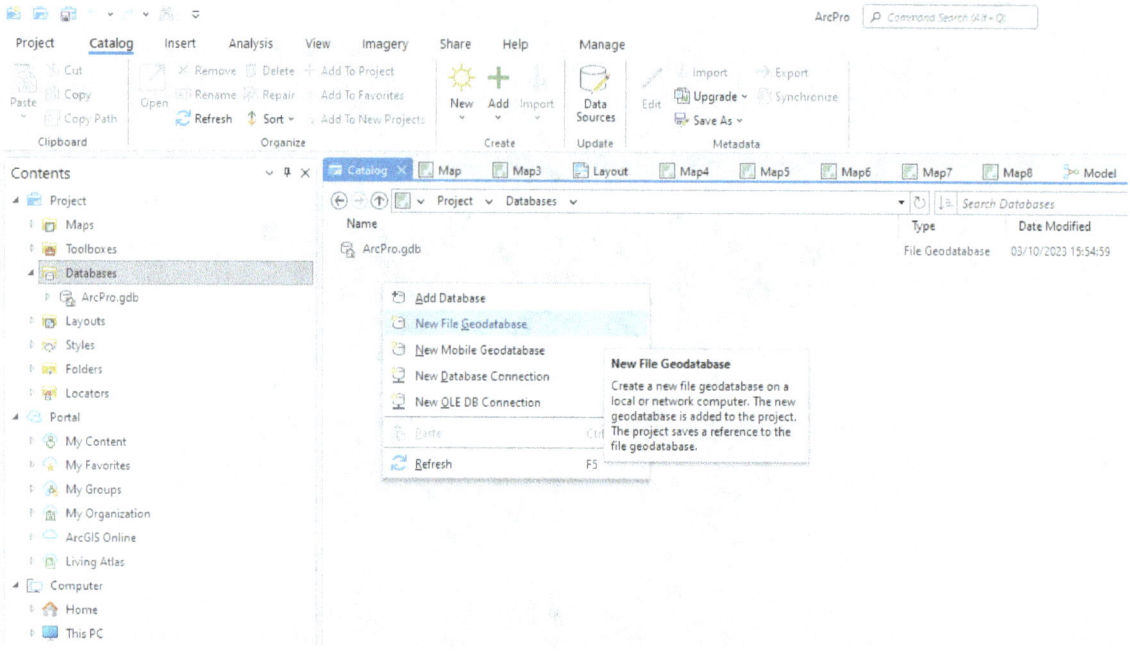

15.2. Crear y configurar dominios

Los dominios son conjuntos predefinidos de valores permitidos que se pueden asignar a un campo en una geodatabase. Estos actúan como restricciones para garantizar que los datos ingresados sean consistentes y conformes a los estándares preestablecidos. Son esenciales para mantener la integridad de la información, especialmente cuando diferentes trabajadores recopilan datos en campo.

La Tabla 11 presenta una visión detallada de los dominios, mostrando una lista de seis dominios con valores codificados que determinan el nombre, tipo de campo, código y descripción para un conjunto de objetos. Tomemos como ejemplo el dominio "POB_DESC": está establecido como un campo numérico "short" y alberga tres códigos específicos. Así, cualquier capa asociada a este dominio se limitará a esos tres códigos, garantizando uniformidad y minimizando errores de entrada. Los dominios en un SIG sirven como barreras efectivas contra inconsistencias. A pesar de que, humanamente, se reconozcan variantes de una palabra como equivalentes, ArcGIS Pro las considera diferentes. Esto se evidencia en palabras como "Hidrografía", que puede tener múltiples representaciones (Hidrografía, hidrografía, HIDROGRAFIA, HIDROGRAFÍA) y, sin un dominio adecuado, se categorizarían por separado.

Tabla 11. Catálogo de objetos para configurar los dominios de la "Geodatabase".

DOMINIO	CAMPO	CÓDIGO	DESCRIPCIÓN
DOM_COD	Text	POB01	CONCENTRACIÓN DE VIVIENDAS
		RIO01	RÍO SIMPLE MENOR A 12 METROS DE ANCHO
		PRE01	PREDIOS URBANOS
		VIA01	EJE VIAL
		CUR01	CURVAS DE NIVEL
POB_DESC	Short	1	DE 1 A 50 VIVIENDAS
		2	DE 51 A 100 VIVIENDAS
		3	MAYOR A 100 VIVIENDAS
RSI_DESC	Short	1	PERENNE
		2	INTERMITENTE
VIA_DESC	Short	1	CALLE
		2	AUTOPISTA
		3	PAVIMENTADA UNA VÍA
		4	PAVIMENTADA DOS O MAS VÍAS
		5	CON PARTERRE O SEPARADOR
		6	OTRO
USO_DESC	Short	1	RUTA PRIMARIA
		2	RUTA SECUNDARIA
		3	OTRO
CUR_DESC	Short	1	CURVAS DE NIVEL PRIMARIAS
		2	CURVAS DE NIVEL SECUNDARIAS
PRE_DESC	Short	1	ZONA BAJA
		2	ZONA MEDIA
		3	ZONA ALTA

Para configurar los dominios en la geodatabase, haga clic derecho sobre "**Ciudad.gdb**" y seleccione "**Domains**". En la ventana emergente de dominios, es necesario introducir todos los dominios listados en la Tabla 11.

. Configure los campos de la siguiente forma, tal como se muestra en la Fig 128.

- **Domain Name:** Ingrese el nombre del dominio.
- **Description**: Proporcione una descripción para el dominio. Se pueden incluir caracteres especiales, tildes y espacios sin problemas.
- **Field Type:** Elija el tipo de campo adecuado según corresponda.

En el panel derecho continuo, se presentarán dos campos para rellenar:

- **Code**: Introduzca el o los códigos correspondientes al dominio.
- **Description**: Proporcione una descripción para cada código.

Figura 128. Configuración de los dominios de una "Geodatabase".

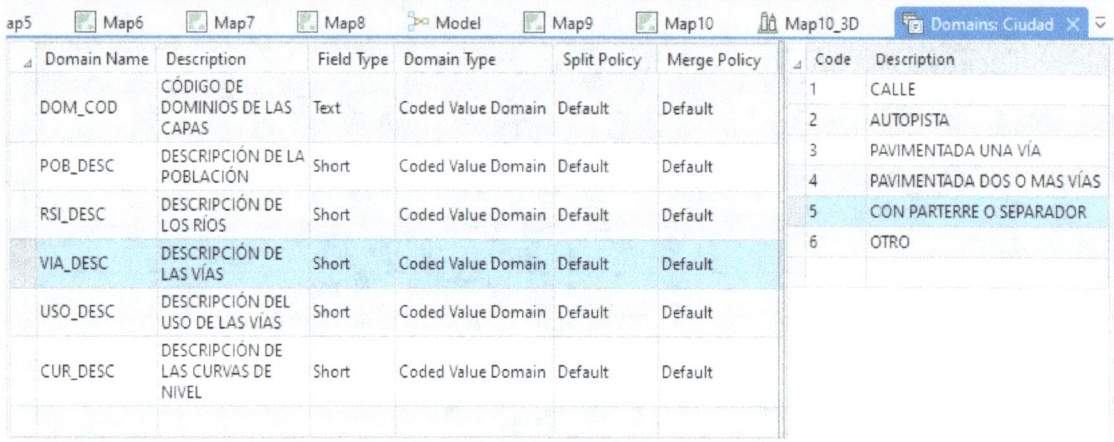

15.3. Crear y administrar un "Feature Dataset"

Un "Feature Dataset" en ArcGIS Pro es comparable a las carpetas o directorios en el explorador de Windows; sirve como un contenedor organizativo para clases de entidad que comparten el mismo sistema de coordenadas espaciales. Al igual que agrupar archivos en una carpeta, la creación de un "Feature Dataset" permite agrupar clases de entidad con propiedades geométricas similares. Esta estructura facilita la administración y el análisis integrado de estos conjuntos de datos.

Para establecer un "Feature Dataset", navegue hasta la geodatabase deseada, haga clic derecho y seleccione **"New > Feature Dataset"**. Durante este proceso, deberá asignar un nombre y determinar el sistema de coordenadas, como se muestra en la Figura 129. Siguiendo con el ejercicio propuesto en esta sección, proceda a crear los "Feature Dataset" indicados a continuación:

- A_CONCENTRACION_HUMANA
- B_HIDROGRAFIA
- C_EJE_VIAL
- D_RELIEVE

Figura 129. Creación de un "Feature Dataset".

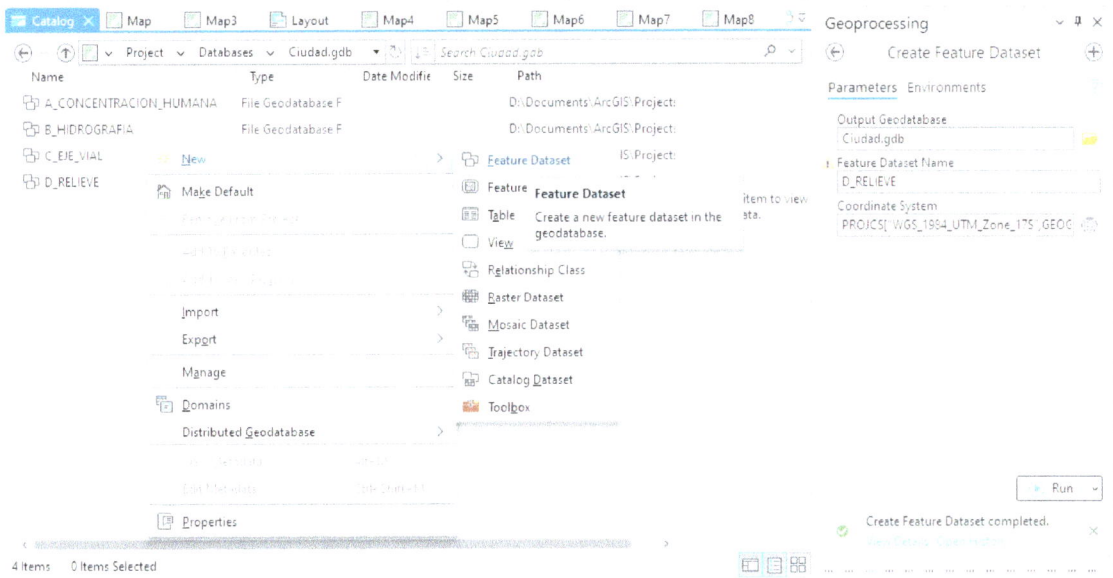

15.4. Crear y administrar "Feature Class" (puntos, líneas y polígonos)

En la sección 7.1, se presentó un procedimiento general para crear un "Feature Class", sin profundizar en las capacidades avanzadas de las "Geodatabases". En la sección actual, se detalla el proceso de configuración de diversos "Feature Class" conforme a las especificaciones presentadas en la Tabla 12.

¿Es mejor tener las capas como "Shapefiles" o en una "Geodatabase"?

Las "Geodatabases" ofrecen una mejor organización y capacidades avanzadas, mientras que los "Shapefiles" son universales y fácilmente compartibles.

Tabla 12. Estructura de los "Feature Class"

Geometría	Feature dataset	Feature class	Campo	Dominio	Descripción	Tipo	Extensión
Punto	A_CONCEN TRACION_H UMANA	POBLADO_ P	COD		Código del objeto	Text	5
			DESCRIPCIÓN	DOM_COD	Descripción del objeto	Text	50
			NAM		Nombre oficial	Text	50
			POB_COD		Código poblado	Short	
			POB_DESC	POB_DESC	Descripción de poblado	Short	
			NUM		Número de habitantes	Double	
Línea	B_HIDRO GRAFIA	RÍO_SIM PLE_L	COD		Código del objeto	Text	5
			DESCRIPCIÓN	DOM_COD	Descripción del objeto	Text	50
			NAM		Nombre oficial	Text	50
			RSI_COD		Código río	Short	
			RSI_DESC	RSI_DESC	Descripción río	Short	
Polígono	A_CONC ENTRACI ÓN_HUM ANA	PREDIOS _PO	COD		Código del objeto	Text	5
			DESCRIPCIÓN	DOM_COD	Descripción del objeto	Text	50
			NAM		Nombre oficial	Text	50
			PRE_COD		Código del predio	Short	
			PRE_DESC	PRE_DESC	Descripción predios	Short	
Línea	C_EJE_VIAL	VÍAS_L	COD		Código del objeto	Text	5
			DESCRIPCIÓN	DOM_COD	Descripción del objeto	Text	50
			NAM		Nombre oficial	Text	50
			VIA_COD		Código eje vial	Short	
			VIA_DESC	VIA_DESC	Descripción eje vial	Short	
			USO_COD		Código uso eje vial	Short	
			USO_DESC	USO_DESC	Descripción uso eje vial	Short	
Línea	D_RELIE VE	CURVAS _DE_NIV EL_L	COD		Código del objeto	Text	5
			DESCRIPCIÓN	DOM_COD	Descripción del objeto	Text	50
			ALTITUD		Elevación en m.s.n.m	Double	
			CUR_COD		Código curvas de nivel	Short	
			CUR_DESC	CUR_DESC	Descripción curvas de nivel	Short	

Para crear el "Feature Class" denominado **"POBLADO_P"** dentro de la geodatabase que se denomina "Ciudad.gdb", se debe hacer clic derecho sobre **"A_CONCENTRACION_HUMANA",** y optar por **"New > Feature Class"**. En la primera ventana, en el campo **"Name"**, se introduce el nombre **"POBLADO_P"** y, en "Feature Class Type", se especifica la geometría que corresponda **"Point"**. En la segunda ventana se establecen los campos según la Tabla 12, especificando la extensión para campos de texto "Length". Si un campo requiere un dominio, se selecciona el adecuado en **"Domain"** en la parte inferior, como se observa en la Figura 130. Es esencial que los tipos de datos de campos y dominios sean compatibles; un dominio "Text" no se asociará con un campo "Short". En la tercera ventana, se define el sistema de coordenadas "WGS 1984 UTM Zone 17S". Desde la cuarta hasta la sexta ventana, se conservan los valores predeterminados y, finalmente, se selecciona **"Finish"**. Este método se aplica de igual forma para otros "Feature Class" indicados en la Tabla 12.

Figura 130. Creación de campos y asignación de dominios a un "Feature Class".

Figura 130. Creación de campos y asignación de dominios a un "Feature Class".

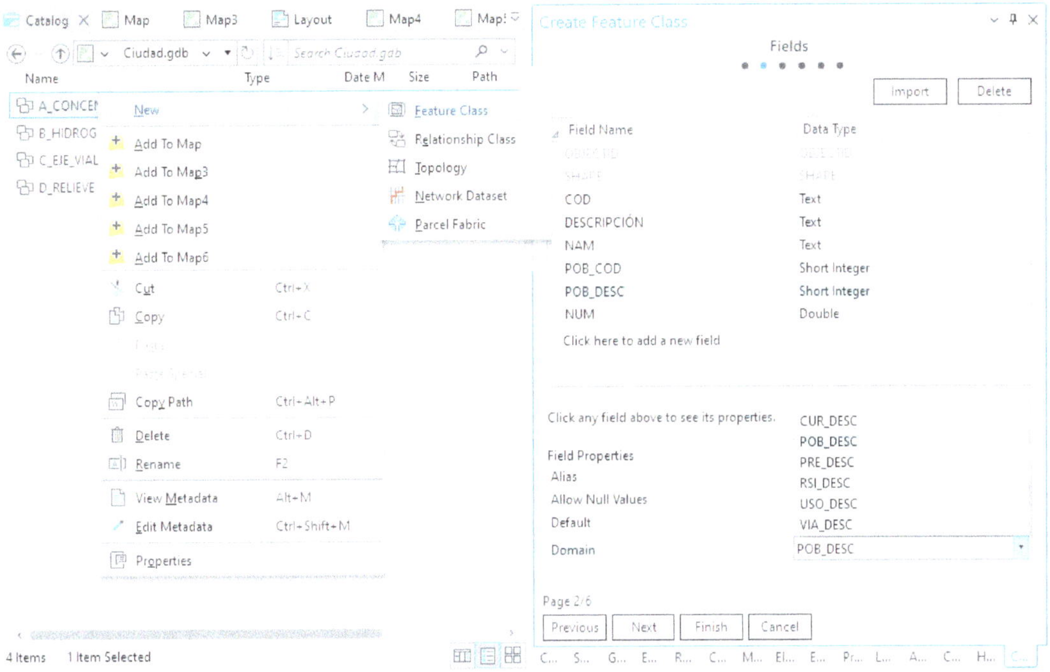

15.5. Importar la información de un "Shapefile" a un "Feature Class"

Tras haber creado y configurado los dominios y los "Feature Class", hay dos métodos para ingresar información: digitalizar elementos de cada capa o importar datos desde otras capas vectoriales. Este ejemplo demuestra el segundo método. Para introducir información desde un "Shapefile" al "Feature Class" denominado **"VÍAS_L"** dentro del "Feature Dataset" que se llama "C_EJE_VIAL", se hace clic derecho sobre **"VÍAS_L"** y se elige **"Load Data"**. Esto desencadena la apertura de la herramienta **"Append"**, donde se ajustan los parámetros como se ilustra en la Figura 131.

- **Input Datasets:** Añadir las capas vectoriales ("shapefiles"). En este caso desde la carpeta "**15_geodatabase**", la capa "**VIAS_L**".

- **Field Matching Type:** Elegir "Use the field map to reconcile field differences".

- **Field Map:** Si los campos del "Feature Class" y el "Shapefile" coinciden en nombre y tipo de datos, el sistema los identifica automáticamente. Si no, es necesario vincularlos manualmente. Por ejemplo, el campo **"DESCRIPCIÓN"** en "Output Fields" se asocia con **"DESCRIPCIO"** en "Source", como se observa en la parte inferior de la Figura 131. Repetir este proceso para el resto de las capas dentro de la geodatabase. Tenga en cuenta que en versiones anteriores a ArcGIS Pro 3.2 el principio es el mismo, pero la apariencia puede variar.

15.6. Configurar las tablas en base a dominios

El siguiente paso implica configurar la información y observar la funcionalidad de los dominios. En un nuevo "Map", cargar cualquier capa de la geodatabase utilizando el botón "Add Data". En este ejemplo, se proseguirá con la capa **"VIAS_L"**. Al abrir su tabla de atributos (haciendo clic derecho sobre la capa en el panel "Contents" y seleccionando > Attribute Table), la Figura 132, muestra solamente información codificada en algunos campos. Los campos "DESCRIPCIÓN", "VIAS_DESC", y "USO_DESC" están vacíos, razón por la cual no reflejan la información asociada a los dominios.

¿Los subtipos son iguales que los dominios?

Los dominios en ArcGIS Pro se definen a nivel de la "Geodatabase" y pueden ser aplicados a cualquier campo de cualquier capa dentro de esa "Geodatabase". En cambio, los subtipos son específicos para un "Feature Class" en particular, permitiendo definir un conjunto de valores permitidos para un campo específico dentro de esa capa.

144

Figura 132 Tabla de atributos codificada.

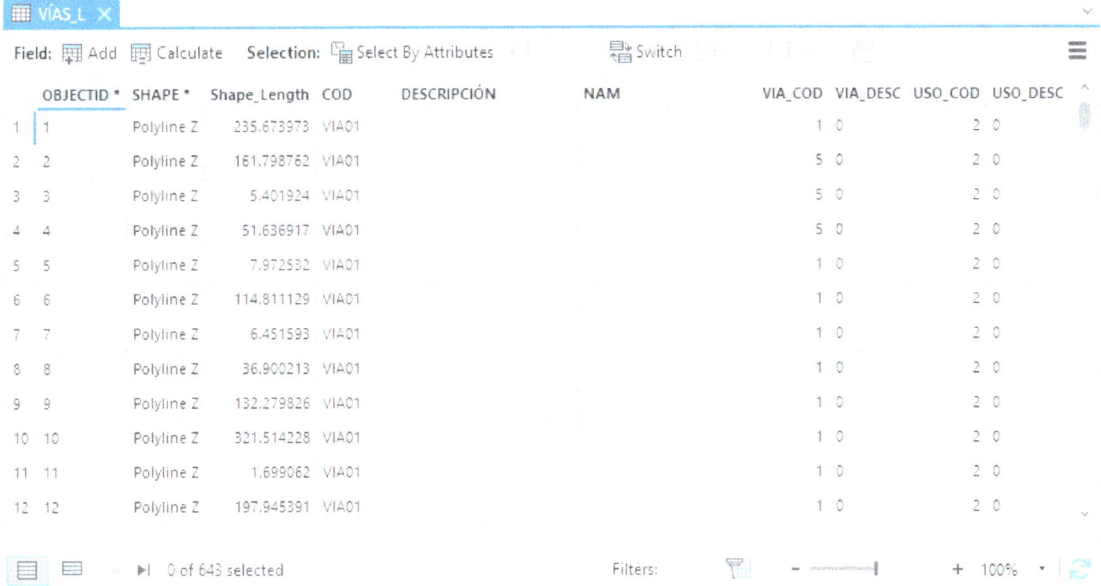

	OBJECTID *	SHAPE *	Shape_Length	COD	DESCRIPCIÓN	NAM	VIA_COD	VIA_DESC	USO_COD	USO_DESC
1	1	Polyline Z	235.673973	VIA01			1	0	2	0
2	2	Polyline Z	161.798762	VIA01			5	0	2	0
3	3	Polyline Z	5.401924	VIA01			5	0	2	0
4	4	Polyline Z	51.636917	VIA01			5	0	2	0
5	5	Polyline Z	7.972532	VIA01			1	0	2	0
6	6	Polyline Z	114.811129	VIA01			1	0	2	0
7	7	Polyline Z	6.451593	VIA01			1	0	2	0
8	8	Polyline Z	36.900213	VIA01			1	0	2	0
9	9	Polyline Z	132.279826	VIA01			1	0	2	0
10	10	Polyline Z	321.514228	VIA01			1	0	2	0
11	11	Polyline Z	1.699062	VIA01			1	0	2	0
12	12	Polyline Z	197.945391	VIA01			1	0	2	0

0 of 643 selected   Filters: + 100%

Para reflejar la información en los campos, es suficiente con introducir los códigos pertinentes. Esta tarea se puede ejecutar manualmente o mediante la herramienta "Calculate Field". Por ejemplo, al seleccionar **"Calculate Field"** haciendo clic derecho en el campo **"VIA_DESC"**, se puede copiar el código asociado. En el campo de expresión, se introduce: **!VIA_COD!** que corresponde al campo que almacena los códigos, como se ilustra en la Figura 133. Es notable que, al seleccionar una celda en la tabla de un campo con dominio, la información relevante se despliega en un menú. Si se introduce el número 1, el sistema mostrará automáticamente el valor del dominio, en este contexto, "CALLE". Este procedimiento se replica para los campos "DESCRIPCIÓN" y "USO_DESC".

Figura 133. Tabla de atributos con información de los dominios.

145

16. Topología

La topología en SIG se refiere a las reglas y relaciones espaciales que determinan cómo los objetos se sitúan uno respecto al otro. En ArcGIS Pro, la topología permite a los usuarios definir y aplicar un conjunto de reglas de integridad a las características geográficas, garantizando que estas cumplan con estándares específicos de calidad y coherencia. Estas reglas pueden incluir, por ejemplo, asegurarse de que no haya superposiciones en polígonos o que las líneas no se crucen inadecuadamente. Establecer una topología robusta es esencial para mantener la precisión y confiabilidad de los datos geoespaciales.

La Figura 134 ilustra los errores topológicos más comunes para capas de líneas y polígonos. En la sección izquierda, se destacan errores en la capa de línea. Un valor de "**1**" indica una línea segmentada sin justificación; "**2**" sugiere una falta de continuidad o conexión con la línea adyacente; "**3**" denota una línea que, aunque conectada, se extiende más allá de la línea vecina; y "**4**" indica que la línea no debería ser continua en una intersección, sino que debería dividirse allí. Por otro lado, en la sección derecha correspondiente a polígonos, el primer escenario en la parte superior resaltada en rojo muestra un vacío o "hoyo", y en el segundo en la parte inferior, se identifica un solapamiento, donde un polígono se superpone parcialmente a otro.

Figura 134. Principales errores topológicos en una capa de líneas y polígonos.

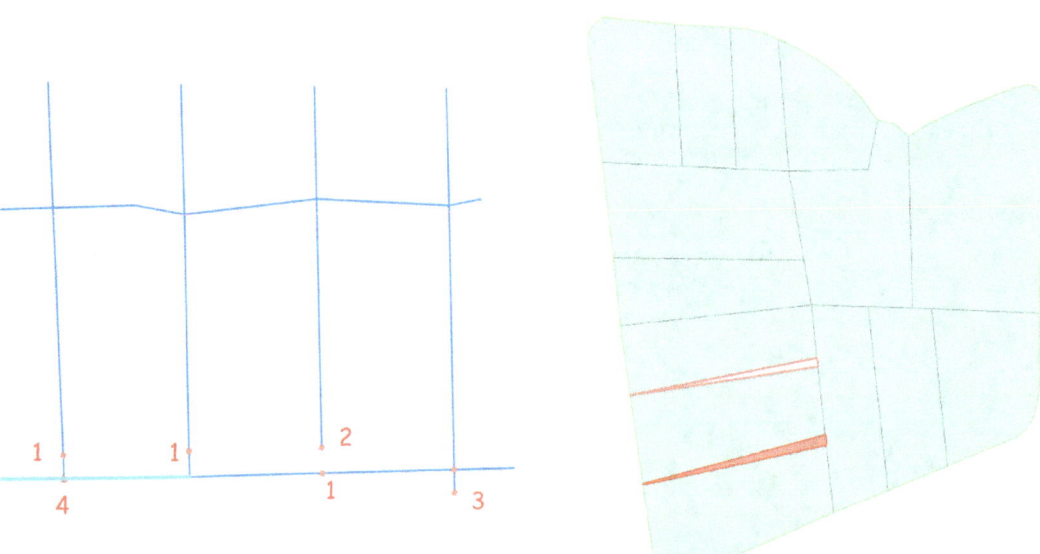

Este capítulo busca emplear los "Feature Class" de la geodatabase desarrollada en el Capítulo 15 para corregir errores topológicos. Aunque en la práctica existen numerosos errores topológicos, el enfoque aquí es presentar un ejemplo claro de cómo estas herramientas pueden corregir de forma automática los errores más comunes. Corregir manualmente un gran número de errores puede ser tedioso, consumir mucho tiempo y no garantizar la precisión, dada la posibilidad de errores humanos, para más información revisar la documentación sobre las reglas topológicas disponible en línea en "Topología de Geodatabase".

16.1. Definición de reglas topológicas

Una vez que las capas están alojadas en la geodatabase, es momento de establecer la topología. Esto se traduce en definir reglas que guiarán la relación e interacción entre las entidades. Estas reglas pueden, por ejemplo, prevenir superposiciones en líneas o asegurar que los polígonos no presenten vacíos. Para rectificar los errores en la capa de líneas mostrada en la Figura 134, es necesario crear una topología. Ir a la pestaña "**View > Catalog View**", acceda a la geodatabase "Ciudad.gdb" y posteriormente al "Feature Dataset" denominado "**C_EJE_VIAL**". A continuación, mediante un clic derecho, seleccione "**New > Topology**". En la ventana que aparece, elija la capa "VÍAS_L" y, en el siguiente paso, determine las reglas topológicas pertinentes, como se ilustra en la Figura 135, posteriormente finalizar con "Finish". Para este ejemplo, se seleccionarán las siguientes reglas:

- Must Not Overlap (Line)
- Must Not Intersect (Line)
- Must Not Have Dangles (Line)
- Must Not Have Pseudo-Nodes (Line)
- Must Not Intersect Or Touch Interior (Line)
- Must Be Single Part (Line)

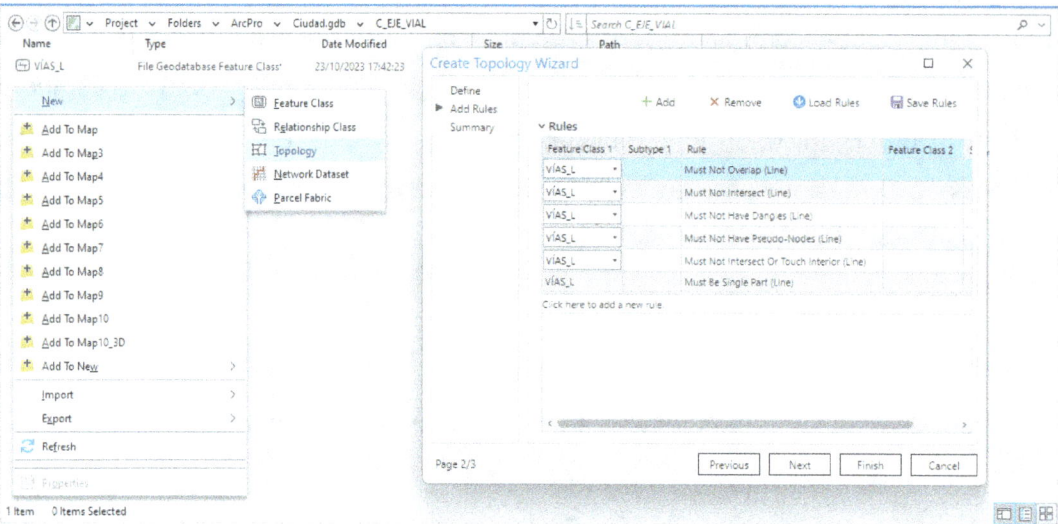

Para configurar la topología de la capa de polígonos "**PREDIOS_PO**" en la geodatabase "Ciudad.gdb > A_CONCENTRACION_HUMANA", se replica el proceso de creación de una nueva topología (Figura 136). En este caso, se deberán incorporar reglas topológicas específicas que atiendan a las características y requerimientos de los polígonos, tales como:

- Must Not Have Gaps (Area).
- Must Not Overlap (Area).

Figura 136. Definición de reglas topológicas para la capa de polígonos "PREDIOS_PO".

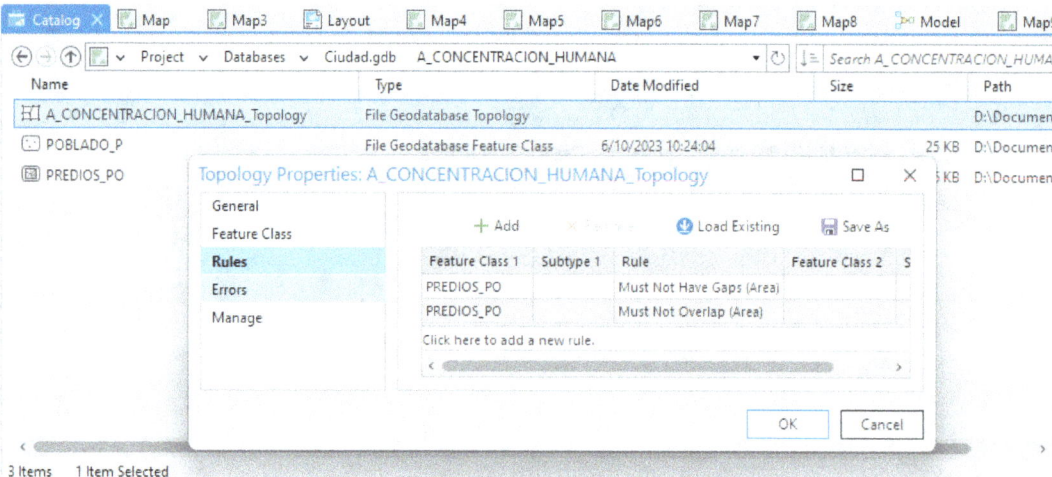

16.2. Identificación y corrección de errores

Tras establecer las reglas topológicas, ArcGIS Pro iniciará automáticamente la detección de errores. Para añadir la topología a un "Map", ya sea uno nuevo o uno ya existente, utilice el botón "Add Data", lo que incluirá automáticamente los "Feature Class" asociados. Acceda al **"Error Inspector"** a través de la pestaña "Edit > Manage Edits > Error Inspector" para identificar y corregir las irregularidades. La validación de errores se realiza mediante el botón **"Validate"** dentro del "Error Inspector", mostrando las inconsistencias en la vista actual. Se sugiere hacer zoom para revisar completamente el área de interés, como se ilustra en la Figura 137. Es esencial realizar una nueva validación después de cada corrección, asegurándose de que no queden errores pendientes.

Figura 137. Inspector de errores topológicos en ArcGIS Pro.

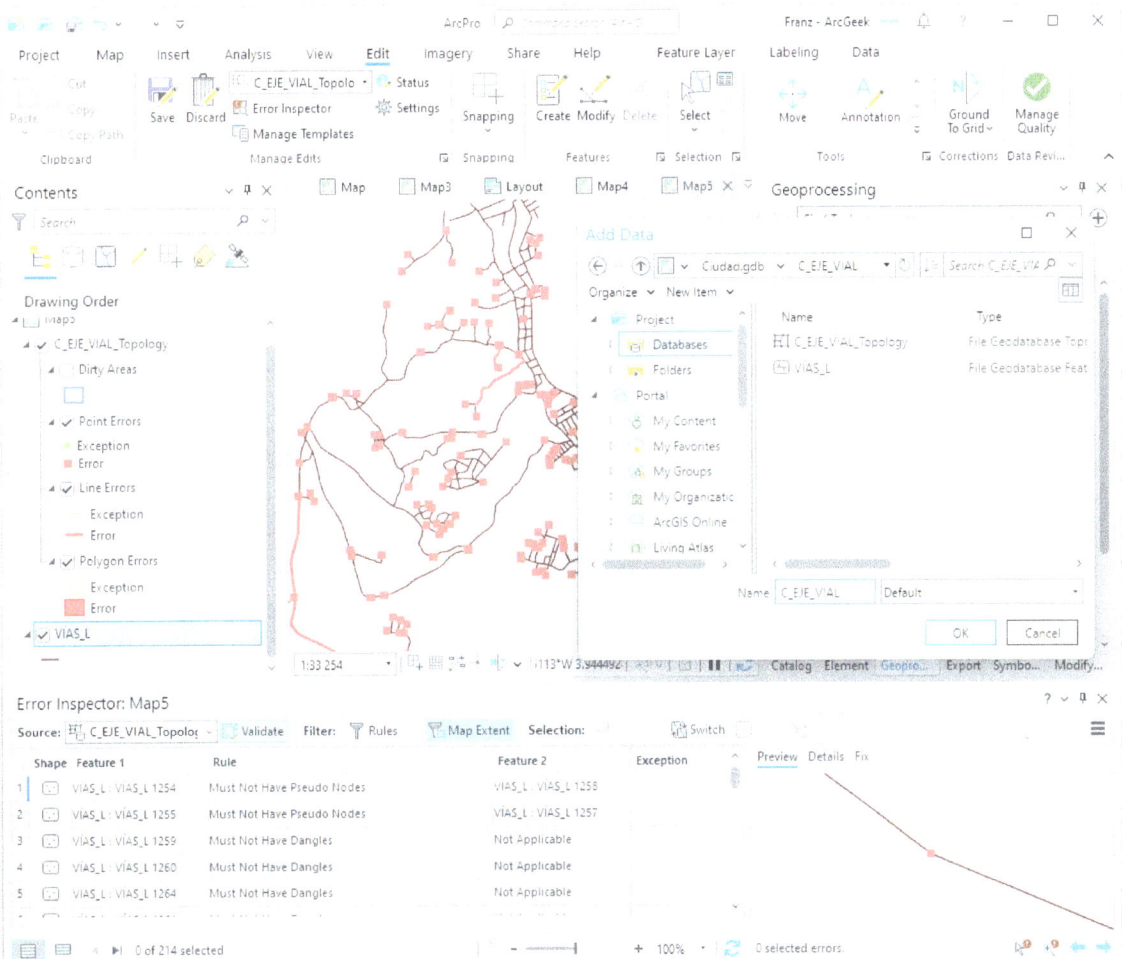

Para resolver distintos errores topológicos, se debe examinar minuciosamente el panel "Error Inspector", evaluando cada situación individualmente y cada regla específica para garantizar resultados precisos. Por ejemplo, en la Figura 138, aplicando el filtro **"Rules > Must Not Have Pseudo Nodes"**, se identifican segmentos de línea divididos innecesariamente. Al seleccionar las líneas erróneas, en el "Error Inspector", la pestaña **"Fix"** sugiere alternativas de corrección. Si se desea fusionar con la línea más extensa, se elige **"Merge to Largest"**. Para situaciones excepcionales o para revocar excepciones previas, se utilizan las funciones "Mark as Exception" o "Clear Exception", respectivamente.

Figura 138. Corrección de líneas segmentadas innecesariamente.

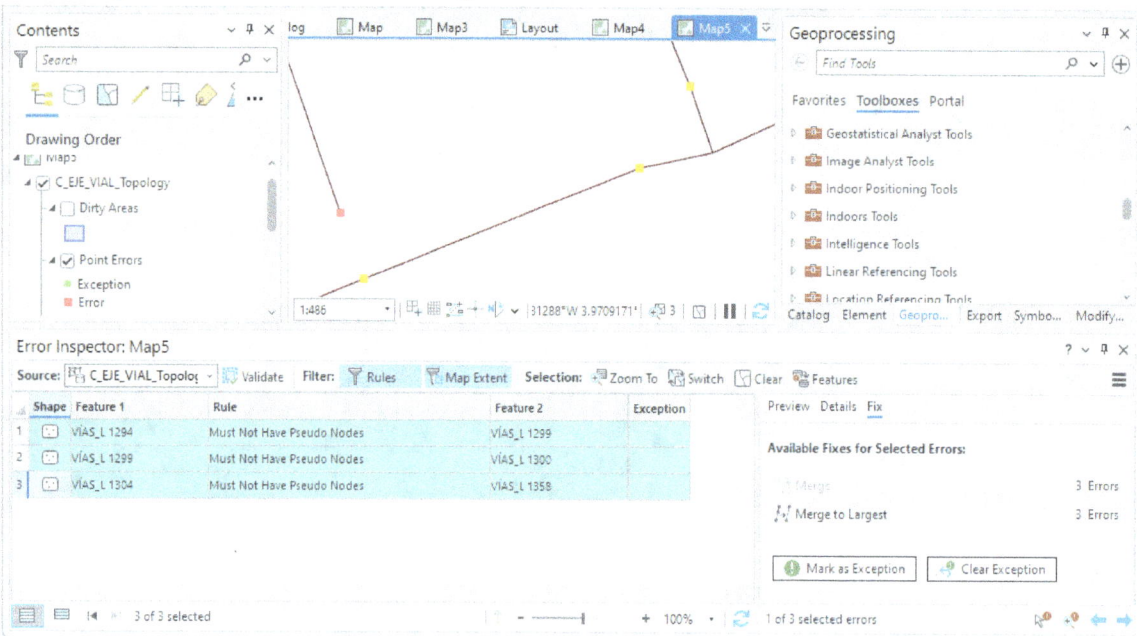

En la Figura 139, previo a implementar las reglas topológicas, se observa que tres líneas no conectan con la principal y otra excede su límite. Al filtrar con "Must Not Have Dangles" en el "Error Inspector" y seleccionar los errores correspondientes, se elige "**Snap**" en "Fix" aplicando un margen de tolerancia de 20 metros. Así, se logra unir las líneas desvinculadas y recortar la que sobresalía, resultando en un ajuste preciso a la línea principal, como indica la flecha azul en la figura mencionada.

150

Figura 139. Ajuste de líneas con un margen de tolerancia "Snap".

Para realizar la corrección topológica en la capa de polígonos "PREDIOS_PO", se añade la topología correspondiente al "Map", similar al proceso llevado a cabo con la topología de líneas. Dentro del "Error Inspector", se identifican dos tipos de errores en la zona exhibida en la Figura 140: un solapamiento y un hueco. Para resolver el solapamiento, se aplica la regla "Must Not Overlap" y, utilizando la opción "Merge" en la pestaña "Fix", se combina el área superpuesta con el polígono mayor, o se selecciona manualmente el polígono receptor en la ventana emergente. La opción "Remove Overlap" crea un hoyo.

Por otro lado, para corregir huecos, se utiliza la regla "Must Not Have Gaps" y la acción "Create Feature" para generar un polígono que llene el espacio vacío. Este nuevo polígono puede después fusionarse con uno adyacente mediante "Merge". Las modificaciones resultantes de la corrección topológica son visibles después de aplicar estos pasos, como se muestra a la derecha de la flecha roja en la Figura 140.

Figura 140. Corrección de errores topológicos de una capa de polígonos.

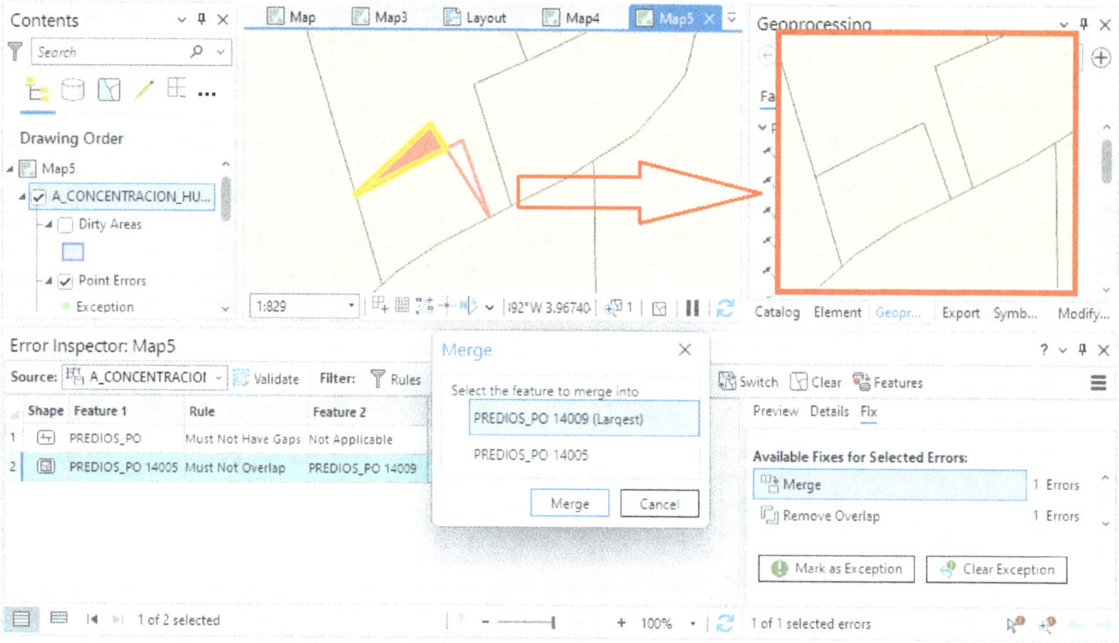

16.3. Validación

Tras efectuar las correcciones topológicas, es recomendable realizar una nueva validación para confirmar la resolución de todos los errores, asegurando así la exactitud y fiabilidad de los datos geográficos.

El procedimiento de corrección topológica demostrado con capas de líneas y polígonos ilustra solo una faceta de las capacidades topológicas de ArcGIS Pro. Es fundamental entender que estas correcciones son extensibles a diversas combinaciones de capas. Por ejemplo, se pueden establecer reglas para asegurar que no existan superposiciones o vacíos entre polígonos de parcelas y áreas verdes. Análogamente, se puede requerir que una capa de líneas mantenga conectividad interna sin solaparse con otras capas de diferentes geometrías. Las posibilidades son tan variadas como los contextos y requerimientos específicos de cada proyecto. La habilidad de un analista SIG para identificar y aplicar correctamente las reglas topológicas necesarias es vital para la solución efectiva de problemas espaciales.

17. Preguntas frecuentes

¿Cuáles son los requisitos de ArcGIS Pro?

En general, cualquier computadora "Gamer" (con tarjeta de grafica dedicada) funciona bien con ArcGIS Pro, pero existen ciertos requisitos mínimos que deben ser considerados para un rendimiento óptimo:

- Sistema operativo: Windows 10 de 64 bits.
- Procesador: 2.4 GHz de doble núcleo o superior.
- Memoria RAM: 8 GB de RAM como mínimo (se recomienda 16 GB o más para trabajar con proyectos grandes).
- Tarjeta gráfica: compatible con DirectX 12 y con capacidad para mostrar al menos 24 bits de color por píxel.
- Espacio en disco: al menos 10 GB de espacio libre en disco para la instalación y 2 GB adicionales para los datos de usuario.

Además, se recomienda tener una conexión a internet de alta velocidad para acceder a los recursos en línea y mantener el software actualizado.

¿Qué zona selecciono si mi área de estudio comparte dos zonas UTM?

En estos casos se trabaja con la zona que posea la mayor parte del área de estudio. Seguro que un geodesta dará una solución mejor, aunque también es más complicada.

¿Si copio un proyecto APRX, se copian todas las capas del mapa (shapefiles e imágenes)?

No, en realidad, el archivo APRX solo gestiona las rutas a los archivos y la configuración de la visualización, como leyendas, escalas y selección de casos, entre otras cosas. Por lo tanto, es importante tener en cuenta que, al crear un nuevo proyecto, es recomendable almacenar todas las capas en un solo directorio para facilitar la movilidad del proyecto, ya sea al mover el directorio o al copiarlo en otra computadora, de modo que siga funcionando correctamente.

¿Cómo puedo colocar etiquetas a una capa?

Las etiquetas son una herramienta que permite mostrar información adicional o textual de los elementos que conforman una capa. Por ejemplo, se pueden mostrar los valores de una capa de curvas de nivel, los nombres de los hospitales en una capa de puntos o el nombre de los parques nacionales en una capa de polígonos.

Para añadir etiquetas a una capa, es necesario hacer clic en ella dentro de la pestaña **"Labelling"**. Es importante asegurarse de que el botón **"Label"** esté activado y, a continuación, seleccionar el campo del cual se desea mostrar la etiqueta.

¿Cuáles son los elementos principales que debe tener un mapa?

Los elementos que deben incluirse en un mapa pueden variar dependiendo de la finalidad y el contexto de este. Por ejemplo, si se trata de un mapa de navegación para conductores, la información principal será la ubicación de las calles, carreteras y puntos de interés cercanos. Sin embargo, en general es recomendable incluir elementos como el título, la escala gráfica, la leyenda, la cuadrícula de coordenadas y la orientación del norte. En cualquier caso, es importante asegurarse de que el mapa sea fácil de leer y comprender para su audiencia. Además, puede ser útil agregar cajetines que proporcionen información adicional, como el nombre de la institución, los autores y la fecha de creación. Si se utiliza un mapa en un documento de texto, es necesario seguir las pautas de estilo correspondientes, como incluir el título del mapa encima de la figura, según las Normas APA 7 edición.

¿Cuál es la diferencia entre proyección y datum?

En términos simples, la proyección es el método utilizado para representar la curvatura de la Tierra en una superficie plana, mientras que el datum es un conjunto de parámetros que se utilizan para definir el modelo matemático de la forma de la Tierra y su posición en el espacio. La elección del datum afecta la forma en que se mide la posición y la forma de la Tierra, mientras que la elección de la proyección afecta la forma en que se representan los datos geográficos en un mapa plano. Ambos conceptos son importantes en la cartografía y la geodesia para garantizar la precisión y la consistencia en la representación de datos geográficos.

¿Es posible crear varios "Layouts" en ArcGIS Pro?

Sí, es posible crear varios "**Layouts**" en ArcGIS Pro. Sin embargo, es importante tener en cuenta que la creación de muchos "**Layouts**" puede afectar el rendimiento del proyecto, especialmente en computadoras con recursos limitados. Por lo tanto, se recomienda crear solo los "Layouts" necesarios para la presentación de los mapas y mantenerlos organizados para facilitar su edición y actualización.

¿Puedo insertar una cuadrícula de coordenadas planas y otra de coordenadas geográficas?

Se puede agregar tanto una cuadrícula de coordenadas planas como una de coordenadas geográficas en un mismo "**Layout**" en ArcGIS Pro. Para hacerlo, se debe estar dentro de un "**Layout**" e ir a la pestaña "**Insert**" y seleccionar la opción "**Grid > New Grid**". Luego, se puede agregar tantas cuadrículas de coordenadas como se desee. Es importante tener en cuenta que la inclusión de múltiples cuadrículas puede afectar la legibilidad y claridad del mapa final, por lo que se debe considerar cuidadosamente la cantidad y ubicación de estas.

¿Por qué mis datos no tienen un sistema de referencia?

Este problema es muy común en el ámbito de los SIG y suele ocurrir cuando quien creó los datos no definió el sistema de referencia espacial utilizado. Sin esta información, no es posible determinar con precisión la ubicación geográfica de los datos. Para solucionar este problema, es necesario definir el sistema de referencia utilizado y asignarlo a los datos. En los shapefiles, el archivo de referencia correspondiente tiene la extensión PRJ.

¿Puedo importar archivos CAD en ArcGIS?

Sí, es posible importar archivos CAD en ArcGIS Pro. Para hacerlo, se puede utilizar la herramienta "**Add Data**" y buscar el archivo de AutoCAD (DWG) en la ubicación correspondiente. Al hacer doble clic sobre el archivo, se mostrará una lista de archivos que representan las diferentes geometrías contenidas en el archivo. Para exportar una capa específica, es necesario acceder a las propiedades de la capa y desactivar todas las capas excepto la que se desea exportar. Una vez que se visualiza únicamente la capa de interés, se puede exportar en cualquier formato vectorial a través de la opción "**Export Data**". Es importante tener en cuenta que, aunque los archivos CAD se pueden importar, es recomendable establecer un sistema de referencia adecuado para garantizar la correcta ubicación espacial de los datos importados.

¿Puedo agregar nuevos símbolos en ArcGIS Pro?

Sí, puede agregar nuevos símbolos en ArcGIS Pro. Para hacerlo, vaya a la pestaña "**Insert**" y seleccione "Import" del grupo "Styles". Desde allí, puede seleccionar archivos de estilo (**.style**) o símbolos individuales para capas de puntos (.bmp, .jpg, .png necesitan ser convertidos a .emf o .svg) y agregarlos a su proyecto a través del panel "**Symbology**" navegando a "**Properties > Layers > Appearance > File...**".

Sí, es posible agregar nuevos símbolos en ArcGIS Pro. Para hacerlo, se debe ir a la pestaña "**Insert**" y en el grupo "**Styles**" seleccionar la opción de "**Import**". Desde allí, se pueden seleccionar archivos de estilo (.style) o de símbolos individuales (.emf, .bmp, .jpg, .png, .svg, entre otros) y agregarlos a la biblioteca de símbolos de ArcGIS. Además, es posible crear símbolos personalizados utilizando herramientas como el "**Symbol Property Editor**" o el "**Symbol Selector**" en la pestaña "**Symbology**".

¿Es posible convertir un mapa de pendientes de grados a porcentaje?

Sí. Se puede hacer con la calculadora ráster. La fórmula es:

$$s[\%]=\tan(s[°])*100$$

donde s[%] es la pendiente en porcentaje y s[°] es la pendiente en grados.

¿Puedo importar la tabla de un shapefile en Microsoft Excel o en LibreOffice?

Sí, en Excel es posible importar la tabla de un shapefile en versiones antiguas y en Microsoft 365. Para hacerlo, hay que abrir el programa e indicar que se desea abrir un archivo. En el tipo de archivo se debe seleccionar "dBase (*.dbf)".

En LibreOffice también es posible importar la tabla de un shapefile. Sin embargo, es importante tener en cuenta que cualquier modificación que se haga en la base de datos asociada a un shapefile debe realizarse en un SIG, ya que, si se borra alguna columna o fila de forma incorrecta, se puede corromper el shapefile y dejarlo inutilizable.

Para evitar este problema, se recomienda copiar el archivo DBF a otro directorio y hacer las modificaciones en una copia separada. De esta manera, se evita dañar el archivo original y se puede realizar la edición deseada sin riesgos.

¿Puedo convertir un shapefile de puntos a polígonos?

Sí, es posible convertir un shapefile de puntos a polígonos en ArcGIS Pro. Sin embargo, es importante tener en cuenta que el resultado puede ser inadecuado, ya que a partir de un conjunto de puntos se pueden formar múltiples polígonos diferentes sin violar las reglas topológicas. Una herramienta que se puede utilizar es "**Minimum Bounding Geometry**", que genera un solo polígono a partir de una capa de puntos. Esta herramienta se encuentra en **Toolboxes> Data Management Tools > Features**, y su uso es muy intuitivo.

¿Por qué ArcGIS Pro suele cerrarse inesperadamente?

En algunas situaciones, es posible que ArcGIS Pro se cierre inesperadamente sin una razón aparente. En estos casos, se puede enviar un informe de errores directamente al equipo de desarrolladores de ESRI. Para solucionar estos errores, a menudo es recomendable instalar las actualizaciones correspondientes a cada versión. Estas actualizaciones pueden resolver muchos problemas conocidos y mejorar la estabilidad general del programa. Es importante mantener actualizado ArcGIS Pro para evitar problemas de estabilidad y asegurarse de tener acceso a las últimas funcionalidades y mejoras.

¿Por qué cuándo exporto un mapa a PDF no todos símbolos se pueden visualizar?

Ocasionalmente, al exportar un mapa en formato PDF desde ArcGIS Pro algunos símbolos o caracteres especiales no se visualizan correctamente. Este problema se debe a la configuración del sistema o a limitaciones del software. Para solucionarlo, se recomienda exportar el mapa a través de la opción "**Share > Print Map**" y seleccionar una impresora virtual PDF en lugar de exportar directamente a PDF desde la vista del mapa. De esta forma, se obtendrá un archivo PDF de mejor calidad y con todos los símbolos y caracteres visibles.

¿Cómo puedo ver la tabla de contenidos si la he cerrado?

Si por accidente has cerrado la tabla de contenidos en ArcGIS, no se preocupe, es fácil de volver a activarla. Simplemente ve a la pestaña "**View**" y selecciona "**Contents**" para mostrar la tabla de contenidos nuevamente.

¿Es posible calcular el centroide de un polígono?

Sí, es posible calcular el centroide de un polígono de manera sencilla mediante la herramienta "**Feature To Point**" en ArcGIS Pro. Para ello, se debe acceder a **Geoprocessing > Toolboxes > Data Management Tools > Features** y seleccionar la capa de polígonos de la cual se quiere obtener el centroide. Con la activación de la opción "**Inside (optional)**" se asegura que los puntos generados caigan dentro del respectivo polígono; sin embargo, no son centroides exactos en el sentido estricto de la palabra.

¿Por qué existe un desplazamiento en las capas de mi proyecto?

Es muy posible que las capas tengan diferente sistema de referencia espacial. También es probable que la escala de trabajo e insumos fueron diferentes al momento de generar las capas.

¿Cómo puedo conocer la resolución de un ráster?

Una forma de conocer la resolución de un ráster es hacer clic derecho sobre la capa y seleccionar "**Properties > Source > Raster Information > Cell Size XY**". Es importante tener en cuenta que en este campo se muestran dos datos, la resolución en X y la resolución en Y. Por ejemplo, si aparece 3, 3; no significa que la resolución espacial de la capa sea de tres comas tres metros, sino que la resolución en X es de tres metros y la resolución en Y es de tres metros. Es poco común encontrar capas ráster con diferente resolución en X y en Y, aunque algunos SIG, como GRASS, pueden manejar este tipo de situaciones.

¿El tamaño de píxel es igual al tamaño de celda?

Sí, el tamaño de píxel es equivalente al tamaño de celda o resolución espacial de un ráster. Según ESRI (2016d), una celda debe ser lo suficientemente pequeña para capturar el detalle necesario y lo suficientemente grande para permitir la realización de tareas de análisis y almacenamiento eficiente de información. A medida que disminuye el tamaño de píxel, aumenta la resolución del ráster y, en consecuencia, aumenta el tamaño del archivo.

¿Cómo puedo copiar un shapefile a otro ordenador?

Para copiar un shapefile a otro ordenador, existen diversas opciones. Una de las más sencillas es utilizar la función "**View > Catalog Pane**" en ArcGIS Pro, que permite copiar, cortar y pegar capas SIG, incluyendo shapefiles. Si se prefiere hacerlo mediante el Explorador de Windows, es importante asegurarse de copiar todos los archivos que componen la capa shapefile; es decir, todos los archivos que tienen el mismo nombre. Por ejemplo, en el caso de querer copiar la capa "**red_vial.shp**", se debe copiar todos los archivos que comiencen por "red_vial.", ya que una capa shapefile está compuesta por varios archivos, generalmente entre tres a seis.

¿Puedo abrir un MXD en una versión anterior de ArcGIS Pro?

Sí, es posible abrir un archivo MXD en ArcGIS Pro. Sin embargo, es importante tener en cuenta que el MXD es un formato de documento utilizado en versiones anteriores de ArcGIS Desktop, mientras que ArcGIS Pro utiliza un nuevo formato de proyecto llamado ".aprx". Para abrir un MXD en ArcGIS Pro, se puede importar a un formato compatible utilizando la opción "**Insert > Import Map**" desde la pestaña correspondiente.

Una vez importado, el proyecto se puede abrir y todas las modificaciones se pueden realizar en ArcGIS Pro. Sin embargo, es importante mencionar que existen algunas diferencias en la presentación y funcionalidad de las capas y herramientas entre las versiones antiguas y ArcGIS Pro. Además, cualquier cambio realizado en el proyecto de ArcGIS Pro no se reflejará en el archivo MXD original, ya que se estará trabajando con un nuevo archivo APRX.

18. Bibliografía

Burrough, P. (1986). *Principles of Geographical Information Systems for land ressources assessment.* Oxford Science - Geocarto International, 1:3, 54,. doi:10.1080/10106048609354060

Childs, C. (2004). *Interpolating Surfaces in ArcGIS Spatial Analyst.* Obtenido de ESRI Education Services: https://www.esri.com/news/arcuser/0704/files/interpolating.pdf

Collado, J., & Navarro, J. (2013). *ArcGIS 10: prácticas paso a paso.* Valencia, España: Universitat Politècnica.

Del Bosque, I., Fernández Freire, C., Martín-Forero Morente, L., & Pérez Asensio, E. (2012). *Los Sistemas de Información Geográfica y la Investigación en Ciencias Humanas y Sociales.* Confederación Española de Centros de Estudios Locales (CSIC).

ESA. (2023). *Sentinel 2 MSI - Spectral Resolution.* Obtenido de European Space Agency: https://sentinels.copernicus.eu/web/sentinel/user-guides/sentinel-2-msi/resolutions/spectral

ESRI. (2010). Learning ArcGIS Desktop (for ArcGIS 10.0). Curso virtual en la plataforma ESRI Training.

ESRI. (2011a). Basics of Map Projections. Curso virtual en la plataforma ESRI Training.

ESRI. (2011b). Working with Coordinate Systems in ArcGIS. Curso virtual en la plataforma ESRI Training.

ESRI. (2015). *The geoid, ellipsoid, spheroid, and datum, and how they are related.* Obtenido de ArcGIS for Desktop: http://desktop.arcgis.com/en/arcmap/10.3/guide-books/map-projections/about-the-geoid-ellipsoid-spheroid-and-datum-and-h.htm

ESRI. (2016a). *An overview of the Raster Interpolation toolset.* Obtenido de ArcGIS Pro: https://pro.arcgis.com/en/pro-app/tool-reference/3d-analyst/an-overview-of-the-interpolation-tools.htm

ESRI. (2016b). *Geoprocesamiento - Informática con datos geográficos.* Obtenido de ArcGIS Resources: http://resources.arcgis.com/es/help/getting-started/articles/026n00000004000000.htm

ESRI. (2016c). *How Raster Calculator works.* Obtenido de Environmental Systems Research Institute, Inc.: http://desktop.arcgis.com/en/arcmap/latest/tools/spatial-analyst-toolbox/how-raster-calculator-works.htm

ESRI. (2016d). *Tamaño de celda de datos ráster.* Obtenido de Environmental Systems Research Institute, Inc: http://desktop.arcgis.com/es/arcmap/10.3/manage-data/raster-and-images/cell-size-of-raster-data.htm

ESRI. (2019). *Acerca de ArcGIS Pro.* Obtenido de ESRI: https://pro.arcgis.com/es/pro-app/get-started/get-started.htm

ESRI. (2019b). *Raster pyramids.* Obtenido de ESRI: https://desktop.arcgis.com/en/arcmap/latest/manage-data/raster-and-images/raster-pyramids.htm

Fallas, J. (2007). Modelos digitales de elevación: Teoría, métodos de interpolación y aplicaciones. *Universidad Nacional de Costa Rica.*

FAO. (2009). *Guía para la descripción de suelos.* Roma, Italia. Obtenido de Cuarta edición: http://www.fao.org/3/a-a0541s.pdf

Gruver, A., & Dutton, J. (2014). *GEOG 486: Cartography and Visualization.* Obtenido de College of Earth and Mineral Sciences, The Pennsylvania State University: https://www.e-education.psu.edu/geog486/

Hernández, G. (1998). Metodología para la elaboración de mapas de pendientes. *Revista Geográfica de América Central N° 36*, 69 - 79.

Hillier, A. (2011). *Working with ArcView 10.* University of Pennsylvania.

Huisman, O., & A. de By, R. (2009). *Principles of Geographical Information Systems.* Enschede, The Netherlands: The International Institute for Geo-Information Science and Earth Observation.

IGN, & UPM-LatinGEO. (2013). *Conceptos Cartográficos.* España: Ministerio de Fomento.

Labrado, M., Évora, B., & Arbelo, M. (2012). *Satélites de Teledetección para la Gestión del Territorio.* España.

López, C., & Bernabé, M. (2012). *Fundamentos de las Infraestructuras de Datos Espaciales.* Madrid, España.

López, L. (2015). *Diccionario de Geografía aplicada y profesional. Terminología de análisis, planificación y gestión del territorio.* Universidad de León.

Mancebo, S., Ortega, E., Martín, L., & Valentín, A. (2008). *LibroSIG: Aprendiendo a manejar los SIG en la gestión ambiental: ejercicios.* Madrid, España.

Martínez, J., & Martín, M. (2010). *Guía Didáctica de Teledetección y Medio Ambiente.* Madrid, España.

Mejía, V., Orellana, D., & Cabrera-Barona, P. (2021). Cambio de uso de suelo en la Amazonía norte del Ecuador: un análisis a través de imágenes satelitales nocturnas VIIRS e imágenes LANDSAT. *Universidad Verdad, 1(78),* 10-29. doi:10.33324/uv.v1i78.355

Moreno, A. (2008). *Sistemas y Análisis de la Información Geográfica. Manual de autoapendizaje con ArcGIS.* Alfaomega y Ra-Ma.

Neer, T. (2005). *ESRI.* Obtenido de The Field Calculator Unleashed: http://www.esri.com/news/arcuser/0405/files/fieldcalc_1.pdf

Olaya, V. (2020). *Sistemas de Información Geográfic.* ISBN: 978-1-71677-766-0.

OpenAI. (2021). *ChatGPT [Modelo de lenguaje natural].* Obtenido de https://openai.com/models/chatgpt/

Peter, D. (1994). *Map Projections Overview, The Geographer's Craft Project.* Department of Geography, University of Texas at Austin.

Rekacewicz, P. (2006). *La cartografía: entre ciencia, arte y manipulación.* Obtenido de Edición Cono Sur: http://www.insumisos.com/diplo/NODE/1219.HTM

Santiago, I. (2014). *Fundamentos de ArcGIS versión 10.2 – Tutorial de ejercicios.* Puerto Rico.

SENPLADES. (2013). *Estándares de Información Geográfica.* Quito, Ecuador: Ecográficas.

Sobrino, J. (2000). *Teledetección.* Servicio de Publicaciones de la Universidad de Valencia.

USGS. (2022). *Landsat 9*. Obtenido de U.S. Geological Survey: https://www.usgs.gov/landsat-missions/landsat-9

USGS. (2022). *Landsat 9*. Obtenido de U.S. Geological https://www.usgs.gov/landsat-missions/landsat-9